山东省沂河流域末次冰期最盛期以来的环境演变

曹光杰 著

北 京

内 容 简 介

沂河流域山东段位于山东省东南部,地处暖温带,是气候变化的敏感区域,也是东夷文化的主要发祥地之一。研究沂河流域末次冰期最盛期以来的环境演变,对环境变化的区域相应研究、环境因素在古文明兴衰中的作用研究均具有重要意义。本书选择典型地点挖掘剖面、钻取岩心,采集样品。通过对样品的年代测试,建立了典型剖面的地层年代序列。搜集了沂河上 18 个断面 800 多个钻孔资料,在洙阳村和船流街村附近进行了物探,根据钻孔资料及物探结果,绘制了 20 个断面沂河古河槽地质剖面示意图,分析了沂河古河道的演变,计算了沂河的古流量。根据典型剖面的地层年代、地球化学元素、磁化率、粒度等,分析了沂河流域气候环境的变化特征。

本书读者对象为高校和科研机构地质、地理专业的科研人员。

图书在版编目(CIP)数据

山东省沂河流域末次冰期最盛期以来的环境演变 / 曹光杰著 . —北京:科学出版社,2019.6

ISBN 978-7-03-061694-4

Ⅰ.①山… Ⅱ.①曹… Ⅲ.①冰期–流域环境–生态环境–演变–研究–山东 Ⅳ.①X321.252

中国版本图书馆 CIP 数据核字(2019)第 117559 号

责任编辑:孟美岑 韩 鹏 / 责任校对:张小霞
责任印制:吴兆东 / 封面设计:北京图阅盛世

科学出版社 出版
北京东黄城根北街 16 号
邮政编码:100717
http://www.sciencep.com

北京建宏印刷有限公司 印刷
科学出版社发行 各地新华书店经销
*
2019 年 6 月第 一 版 开本:787×1092 1/16
2019 年 6 月第一次印刷 印张:10 1/2 插页:3
字数:248 000
定价:118.00 元
(如有印装质量问题,我社负责调换)

前　言

由于全球变暖、生态环境破坏、环境污染、自然灾害频发等环境问题日益突出，全球变化已成为地球系统科学研究的热点问题。20 世纪 80 年代以来，以国际地圈-生物圈计划（IGBP）、全球变化人文计划（IHDP）、世界气候研究计划（WCRP）等全球变化研究计划的组织实施为标志，全球变化研究进入了一个新的阶段。其中 IGBP 将过去全球变化（PAGES）研究列为核心计划之一。全球变化研究主要围绕着人类赖以生存的地球环境系统展开，探讨全球变化的规律、人类活动对地球环境变化的影响，预测和评估未来环境的变化，为区域发展的宏观决策提供科学依据。预测未来首先要弄清楚过去，所以加强对气候变化敏感区域过去环境变化规律和变化机制的研究，对于提高对环境变化的预知能力具有重要意义。

关于末次冰期的环境，长期以来一直是国内外研究的一个热点。末次冰期以来的环境演变对当今全球变化起到了奠基作用，而且影响着今后的全球气候与环境的变化过程，对于判断未来全球气候变化能提供重要的参考依据。晚冰期以来冷暖干湿的气候波动变化，对人类的生存和发展产生了深远的影响。细石器、新石器时代，古人类对自然环境的依赖程度很大，尤其是在气候-环境变化敏感的地区。新石器时代也是人类从完全依赖自然环境生存逐渐发展到主动改造自然的关键时期，是人类发展历史上的一个重要里程碑。研究这一时期的环境演变及其对人类的影响，探讨其相互作用的机制和规律，对现在和未来的人地关系研究都有十分重要的意义。

径流是地表水循环的重要环节，研究河流是研究地表水循环以及水量平衡不可或缺的核心内容和关键环节。要恢复末次冰期以来的地表环境，没有对当时河流状况的了解，是不全面的。自然与人为双重影响下的河流变化过程研究，是当前国际地球科学研究的一个前沿课题。河流中下游地区多是人口密集、经济繁荣的地区，是人与环境相互作用最强烈的地区，探讨这些地区人与环境相互作用的过程、机理和规律，越来越引起各国普遍重视。

河道演变的研究，不仅在科学理论方面，而且在生产实践中，均有重要意义。在拟定河道整治方案之前，必须进行河道演变过程的调查研究，分析河道演变的原因，并预测它的发展趋势。古河道是水系变迁、河流改道、河床演变以后，遗留在地面或埋藏在地下的地貌类型和地质体。它是一个静态物体，储藏着不同时期的河流类型、组成物质与分布规律的信息，通过信息提取可复原出不同时期的水系结构、河型类型与水文特征，乃至整个地理环境变迁与新构造运动史。影响河道演变的因素很多，如构造运动、海平面变化、地球自转、水沙变化、河床边界条件、人为因素等。河流流量变化是气候变化的直接反应，因此研究古河道的变迁、古流量的变化是研究环境演变的重要手段。

尽管对于末次冰期中地球上冰川的覆盖范围、植被覆盖范围与类型、海平面变化幅度、大陆和海洋的温度和降水的变化幅度等，已经有了比较清晰的认识，对于河流随海面升降发生的侵蚀和加积现象也有了比较一致的看法。但是，对于末次冰期中河流流量方面的研究却相对较少，已有的研究也主要集中在大江大河上，对区域性非直接入海的河流研究很少。沂河位于山东省东南部，发源于鲁沂山地，向南流经沂源县、沂水县、沂南县、临沂市区、郯城县，在郯城县南部进入江苏省，是淮河的重要支流，也是鲁南地区最大的河流。到目前为止，对沂河古河道、古流量及沂河流域环境演变方面的研究成果很少。本书综合利用地层学、地貌学、沉积学、年代学和河流动力学的方法，对沂河末次冰期最盛期以来的古河道、古流量进行研究，探讨末次冰期最盛期以来沂河流域（山东省境内）的环境演变，这不仅为深入理解末次冰期亚洲季风区河流的水文变化特征与过程提供重要依据，为探讨末次冰期最盛期以来淮河流域的古水文与古环境提供重要的线索，而且可以为经济社会快速发展的沂河流域的水资源利用、水环境保护以及跨河工程建设，提供地层和古地貌方面的数据和依据。

本书由国家自然科学基金项目"末次冰期最盛期沂河古河道与古流量研究"（41372182）资助出版。

目　　录

第一章　沂河流域自然环境概况

　　沂河是鲁南地区最大的山洪河流，自北向南流经临沂市的沂源县、沂水县、沂南县、临沂市区（河东区、兰山区、罗庄区）、郯城县，在郯城县吴道口附近进入江苏境内。进入苏北平原后，注入骆马湖，再向南通过运河与淮河相通。河道总长 333.0km，其中山东省境内长 287.5km，江苏省境内长 45.5km。流域面积 11,820km²，其中山东省境内流域面积 10,772km²，江苏省境内流域面积 1,048km²。本章主要描述山东省境内沂河流域自然环境概况。

第一节　沂河流域的地质基础与地层

一、地质基础

1. 地质简史

　　在地质构造上，沂河流域属华北地台的一部分，自新元古代以来，长期处于缓慢的升降运动状态。

　　太古宙（距今 4,000～2,500Ma）：太古宙初期，沂沭河断裂带以西地区先后沉陷，沉积了一套巨厚的碎屑岩夹海底火山喷发物地层；太古宙晚期，在泰山运动的影响下，地层发生了强烈的褶皱隆起和变形，形成了一套深变质岩系，称为泰山群。经长期剥蚀夷平，残留部分构成这一地区的结晶岩基底。太古宙末期，沂河流域经历了褶皱、变形、隆起等，在蒙山、沂山等区域，岩层表现为韧性变形、剪切、岩浆侵入，岩浆活动具多旋回多期次的特点，侵入岩发育。蒙山的主体是距今 2,700～2,500Ma间三期大规模岩浆侵入活动形成的片麻状英云闪长岩、片麻状花岗闪长岩、二长花岗岩。2,750～2,600Ma，万山庄序列超铁镁质-镁铁质侵入岩侵入，泰山序列 TTG（Trondhjemite、Tonalite、Granodiorite）岩系侵位（侯贵廷等，2008；曹光杰等，2017b）。大约 2,600～2,500Ma，先后有黄前序列西店子蛇纹岩，峄山序列中粒奥长花岗岩、片麻状粗中粒黑云母花岗闪长岩、中细粒斑状含黑云母花岗闪长岩，傲徕山、红门序列条带状黑云母二长花岗岩、中粒黑云石英闪长岩等侵入。基本上形成了蒙山、沂山的基底。

　　元古宙（约 2,500～550Ma）：古元古代仍有韧性变形、剪切和岩浆侵入活动，至中元古代约 1,621Ma 牛岚辉绿岩呈脉状侵入（王世进，1991；王世进等，2010，2013）；新元古代（约 1,000～550Ma），由于地质作用强烈，形成了沂沭河断裂带。沂沭河断裂带以东地区始终保持隆起的陆地状态至今。

　　古生代（约 550～252Ma）：古生代早期，沂沭河断裂带以西地区下沉为海，形成一套页岩、灰岩互层的地层,直到奥陶纪中期,在加里东运动的影响下,此区又上升为陆地;古生代后期,受海西运动的影响,此区又经过一段海陆交替,在石炭纪中后期形成一套海陆交互含煤地层,最后又隆起为陆地至今。

中生代(约252~66Ma):地壳升降运动已不显著,但局部断裂运动强烈,形成小型盆地,如蒙阴盆地、平邑-费县-方城盆地等。这一时期受燕山运动的影响,有大规模的岩浆侵入和广泛的火山喷发。至此,沂河流域地形大势已经形成。

新生代(约66Ma至今):全区上升,遭受剥蚀,造成地形起伏显著,构造地震频繁,温泉出露较多等现象。

2. 地质构造的基本特征

沂河流域地质构造的基本特征是以断裂带活动为特征的断块构造性质。除沂沭河主断裂以外,还发育了一系列小断裂(带)。区内基底构造主要表现为岩层(地层、岩体)的韧性变形、剪切,以古老韧性变形(剪切)带的形式表现保存下来。基底岩系广泛发育褶皱构造,并有褶皱叠加变形。从构造单元看,沂河流域属于华北地台的二级构造单元——鲁西台背斜。又分属于鲁中隆断区、沂沭河断裂带两个三级构造单元。

鲁中隆断区包括蒙阴县、平邑县、费县、兰陵县全部,沂水县、沂南县、兰山区、罗庄区、郯城县的西部。在此断块上,又发育了一系列的韧性剪切带和断裂带。具有一定规模的韧性剪切带有:平邑县丰阳-费县梁丘韧性剪切带、沂水县峨山口韧性剪切带、崔家峪-下常庄韧性剪切带、王家庄子-大尧韧性变形带、郯城-甘霖韧性剪切带。较大规模的断裂有:铜冶店-孙祖断裂、新泰-蒙阴垛庄断裂、蒙山断裂、汶泗断裂、甘霖断裂等,这些断裂北西-南东向延伸,穿过沂沭河断裂带,构成网络状构造形态。盖层褶皱不太发育,多呈露头级,为断裂构造引起的小型褶皱,个别较大型的褶皱也与大型断裂有关,是在断块的升降、扭动中派生的次级构造。主要有:兰陵县土门复式褶皱,表现为轴向北北西的背斜内发育北东向复式褶皱,两翼倾角较缓,一般为30°,褶皱轴面西倾,倾角近直立,枢纽水平,为直立褶皱;位于沂南县境内的汶河谷地、马牧池-金厂断裂和孙祖断裂之间的汶河向斜,轴部紧靠汶河,走向315°,长约20km,宽约6km,界湖以西北东翼地层倾向210°~230°,西南翼地层倾向30°~50°,倾角一般6°~16°,个别达25°,界湖以东北翼走向25°,倾向115°,倾角30°~45°,南翼走向145°,倾向55°,倾角30°~45°。其地层展布及产状特征说明,汶河向斜在界湖以东变宽呈箕状,褶皱面向东,枢纽45°,向东倾伏,显示了汶河向斜与沂沭断裂带叠加的变形特征,后者改造前者。

沂河干流流经的是沂沭河断裂带。沂沭河断裂带是中国东部巨型断裂——郯庐大断裂带的中段,在山东境内北起渤海莱州湾,南到江苏新沂一带,全长365km,呈北北东15°~30°方向延伸,与沂沭河谷地展布相一致,是控制整个地区地质构造、岩浆活动和地震活动的主干断裂。沂沭河断裂带由四条断裂组成,自东向西为昌邑-大店断裂、白芬子-浮来山(安丘-莒县)断裂、沂水-汤头断裂、塘梧-葛沟断裂。四条断裂平行分布,形成了两堑一垒的构造形态。上段的中部为汞丹山地垒,东侧为莒县盆地,西侧为马站-苏村地堑盆地。野外调查发现,沂沭河断裂带并非简单的两堑一垒,而是复式堑-垒构造。这些堑-垒的边界断裂，多为同向反倾断层，大部分被后期构造破坏，局部保留，以其伴生的牵引褶皱可分辨其性质。复式堑-垒构造的主要表现为中部汞丹山地垒隆起，由一套太古宇泰山群片麻岩组成。东侧莒县地垒盆地有青山群、大盛群沉积及中生代次级盆地，西侧苏村-马站地堑内中生代地层中有古生代或相对较老的地层、岩石出现。沂沭河断裂带主要包括沂水县、沂南县、兰山区、罗庄区的东部，河东区、莒南县、临沭县的西部。

二、地　层

沂河流域地层发育较全，地层单位较多，共计有群级地层单位 14 个，组级地层单位 55 个，组成了区内复杂的地层系统。基岩出露面积较广，约占全区总面积的 65%，第四系覆盖层约占 35%。

1. 太古宇

太古宇主要包括沂水岩群和泰山岩群。沂水岩群自下而上出露石山官庄组和林家官庄组两个岩组。石山官庄组分布在沂水县城东晏家铺至大尧以北、道托以南地区，以暗色麻粒岩类、紫苏变粒岩类为主，含磁铁石英岩及黑云母变粒岩，呈岛状、透镜状及带状分布于太古界花岗岩中，连续性差，厚度 141～270m。林家官庄组分布在林家官庄至张家官庄一带，由含透辉斜长角闪岩、含紫苏辉石斜长角闪岩及黑云母变粒岩等组成，呈带状分布于太古界石英云母闪长岩中，与下伏石山官庄组和上覆泰山岩群均未见接触关系，林家官庄组厚约 661～740m。

泰山岩群自下而上出露雁翎关组、山草峪组、柳杭组。雁翎关组区内较少见，主要分布在沂水县胡同峪、新民官庄、崔家峪等地，主要岩性为斜长角闪岩，厚约363m，下部被新太古界花岗岩侵入，上与山草峪组整合接触。山草峪组分布在兰陵县兰陵镇及蒙阴县坦埠等地，岩性组合特点是下部以黑云母变粒岩为主夹角闪磁铁石英岩及少量的细粒斜长角闪岩，中部为含石榴黑云母变粒岩夹磁铁石英岩，上部以黑白云母变粒岩为主夹黑云母变粒岩及少量的黑云母片岩，总厚度约为 2,000m，与下伏雁翎关组整合接触。柳杭组主要分布在沂水县东虎崖，在费县贾家沟、百草房亦有零星出露，东虎崖地区该组岩性组合以斜长角闪岩为主，夹磁铁石英岩、黑云母变粒岩、黑白云母变粒岩及少量的含角闪变粒岩、含石榴黑云母片岩、浅粒岩等，厚约 744m，顶、底皆被前寒武系岩体侵入。

2. 元古宇

沂河流域古元古界和中元古界地层很少，新元古界有拉伸系-埃迪卡拉系土门群，自下而上分为黑山官组、二青山组、佟家庄组、浮来山组、石旺庄组。黑山官组分布于兰陵县南山村、西石门、二青山、莲子汪等地，由于上部普遍遭受剥蚀，局部分布于古低洼地形处，与下伏泰山岩群山草峪组不整合接触，与上覆二青山组大部分为平行不整合接触。地层厚度小，岩性变化大，多数地区不足一米或缺失，以兰陵县石门一带最发育，为泥岩、砂质页岩、细砂岩、含砾石英砂岩、砂砾岩等。二青山组主要分布在兰陵县二青山、石门、兰陵等地，沂南县蒲江聚宝官庄和兰陵县莲子汪等地有零星分布。该组地层发育完好，与下伏黑山官组平行不整合或角度不整合接触，局部覆盖在泰山群或变质变形侵入岩之上。主要岩性自下而上可分为砂岩段、灰岩段、页岩段，厚140m左右。佟家庄组分布于兰陵县石门、二青山、车辋、莲子汪，沂水县武家洼、诸葛、四十里铺及莒南县湖头等地，下部为砂岩段，上部为页岩段，与下伏二青山组平行不整合接触，局部角度不整合于基底变质岩之上。浮来山组主要见于兰陵县兰陵后烟头、黄山及沂水县下牛庄、王山、佟家庄、长安庄等地，主要岩性为含海绿石细粒石英砂岩、钙质粉砂岩，夹黄绿色页岩及含粉砂灰岩，厚60~132m，与下伏佟家庄组整合接触。石旺庄组主要分布在兰陵县兰陵后烟头，沂水县下牛庄、王山、佟家庄及长安庄等地，下部为砂质灰岩，厚约40m，上部为灰岩，厚约80m，顶部常被剥蚀。

3. 古生界

古生界包括寒武系、奥陶系、石炭系、二叠系。

寒武系长清群自下而上分为李官组、朱砂洞组和馒头组。李官组分布较广，以兰山李官、兰陵县东、蒙阴青驼、南石门以及沂水县院东头、武家洼等地较发育。该组下部以灰色厚层石英砂岩为主，夹少量黄绿色泥质粉砂岩，称砂岩段，厚度一般十几米，底部常有复成分角砾岩，砾石成分为下伏岩层岩石；上部为砖红色泥岩或灰黄色泥晶灰岩，厚度不足十米。该组厚度各地变化较大，一般10~20m，兰陵县大仲村镇陶屯最厚，达90m。朱砂洞组除在李官组之上发育外，在缺失李官组的地方皆发育朱砂洞组，只是厚度变薄至十几米。这是因为寒武纪时海水由东南向西北入侵所造成。该组岩性较杂，自下而上分为三个岩性段：灰岩段为青灰色–暗灰色疙瘩状灰岩及黄褐色瘤状灰岩、泥晶白云质灰岩，局部含燧石结核，锤击有臭味，厚20m左右；中余粮村段以灰紫色页岩为主，夹少量紫红色泥质、铁质粉砂岩，厚40m左右；上灰岩段为厚层豹皮状灰岩、砂屑灰岩及白云质灰岩，常含燧石结核或纹层理，南部厚60~70m，北部厚度超过100m。馒头组分布同朱砂洞组，二者为整合接触，自下而上分三个岩性段：石店段为紫红色薄层状粉砂岩、砖红色云泥岩为主夹砂屑灰岩、核形石灰岩、藻丘灰岩等，厚度一般数十米至百余米；下页岩段主要岩性为紫色、砖红色页岩，厚数十米至百余米；洪河段主要岩性为暗紫色、深灰色中薄层含海绿石长石石英砂岩，褐灰色中厚层状交错层长石石英砂岩，夹少量页岩及粉砂岩，岩石普遍含有较多的白云母片。厚度一般为50~100m。该组以紫红色页岩和砖红色云泥岩、交错层砂岩为特征，明显区别于下伏朱砂洞组和上覆张夏组，区域上分布稳定。该组产较多的三叶虫化石。

寒武系–奥陶系九龙群，自下而上分为张夏组、崮山组、炒米店组和三山子组。张夏组分布普遍，鲁南地区的"崮"多由该组底部巨厚层鲕粒灰岩构成。该组自下而上分为三段：下灰岩段为灰色巨厚层、厚层鲕粒灰岩，有时含生物碎屑，鲕粒大而规则，厚度一般为30~70m，形成陡壁；中盘车沟段主要岩性为黄绿色页岩，夹灰岩薄层或扁豆体,厚度由东向西从数百米至数十米不等;上灰岩段多数地区以灰色、灰白色厚层藻丘灰岩为主,夹少量鲕粒生物碎屑灰岩及黄绿色页岩,厚度一般不足百米。该组含丰富的三叶虫化石及腕足、头足类化石。崮山组分布同张夏组,主要岩性为黄绿色页岩,薄层疙瘩状、瘤状灰岩,夹竹叶状砾屑灰岩和薄板状微晶灰岩及鲕粒灰岩,以岩层薄而变化快、地貌上常为平缓地形和发育植被为宏观特征,与下伏张夏组整合接触。厚度一般为40~60m,该组盛产三叶虫化石。炒米店组分布同崮山组,主要岩性为浅灰色中层微晶灰岩、竹叶状砾屑灰岩、藻凝块灰岩、叠层石灰岩,夹泥质条带灰岩、鲕粒灰岩及生物碎屑灰岩,顶部有时可见不同程度的白云岩化。该组厚度较大,一般为100~200m。该组常见具紫色氧化圈的竹叶状砾屑灰岩,有时单层达1m左右,切割磨光后花纹精细美观,可作建筑装饰材料。三山子组分布同炒米店组,自下而上分为三个岩性段:下段为灰褐色厚层、中厚层中晶白云岩,厚度一般为数十米;中段主要为浅褐色、灰黄色中薄层细晶、中晶白云岩、薄纹层白云岩,夹小竹叶状砾屑白云岩,厚度一般为数十米;上段主要为灰色、黄灰色中厚层、厚层状含燧石结核和条带的中晶白云岩,厚度一般为30~60m。该组白云岩为次生白云岩,由原始沉积的灰岩经白云岩化而来。

奥陶系马家沟组,流域内几乎各县都有分布,以费县、兰陵县、沂南县比较发育。该组厚度较大,达数百米,以大套的白云岩(下)和灰岩(上)互层为特征,共有三个大旋回,六个岩性段。该组是广阔浅海沉积,化石丰富。该组的北庵庄段和五阳山段为较纯的大套厚层灰岩,除是良好的水泥、石灰原料外,还可做熔剂灰岩和化工灰岩,开发前景相当可观。

石炭系-二叠系月门沟群集中分布在罗庄区的罗庄、付庄、汤庄,费县东北,兰陵县矿坑一带,露头连续性差,多为构造切割。为主要的含煤和铝土矿地层,自下而上分为本溪组、太原组、山西组。本溪组主要为紫红色铁质铝土岩、黄灰色铝土岩、铁质泥岩,厚度一般为10~20m。该组厚度虽小,却是重要的铝土矿、硬质耐火黏土含矿层位。太原组主要为深灰色粉砂岩、黄色细砂岩、灰黑色页岩、灰白色长石石英砂岩,夹有灰岩和煤线。厚度从数十米至百多米不等,是重要的含煤层位。山西组以陆相碎屑岩沉积为主,主要由灰、深灰色碳质页岩、粉砂质页岩及泥质粉砂岩和煤层组成。厚度从数十米至百多米,东南厚、西北薄,含煤情况也是南多北少。

二叠系石盒子组,地表仅见于罗庄区的罗庄和付庄,郯城县黄山、褚墩镇地下局部发育,皆被断层切割得支离破碎。主要岩性为陆相杂色砂岩、粉砂岩及黏土岩,自下而上可分为四个岩性段,总厚度大于270m。该组中仅见煤线,不含可采煤层,但铝土岩比较发育,是开采铝土矿的重要层位。

4. 中生界

中生界地层分布较广,但出露零星,主要见于蒙阴县、沂水县及费县北部和平邑县东部,由于各地构造差异和火山活动影响不同,地层系统非常复杂。

侏罗系淄博群,分为坊子组(下)和三台组(上)两部分,流域内只发育三台组,缺失坊子组。三台组见于蒙阴县城南-常路大张台、界牌,平邑县铜石-地方,费县城北及临沂东大桥、河东沐埠岭等地。在蒙阴主要岩性为紫红色、灰红色、灰绿色中薄层细砂岩、粉砂岩，厚大于 70m。在费县主要岩性为紫红色中厚层中、细砂岩，厚度大于 57m。在沐埠岭一带为紫红色砾岩、砂砾岩夹砂岩，厚约 48m。总体特征为一套紫红色的河流相碎屑岩沉积。

白垩系莱阳群，流域内地表可见的序列组合自下而上为水南组、城山后组、马连坡组。水南组分布于蒙阴县城自小儒来至大田家林和平邑盆地内，主要岩性为灰、灰绿色钙质、泥质粉砂岩，紫灰色粉砂岩、页岩夹粗砂岩，与三台组平行不整合接触，厚 500~600m。城山后组分布于蒙阴、平邑一带，主要岩性为灰、灰黄、灰紫色中、粗粒岩屑长石石英砂岩、凝灰质砂岩，顶部和底部可见较多的含砾粗砂岩、砾岩，厚 300~400m。马连坡组主要见于河东区沐埠岭、郯城县李庄等地，主要岩性为灰色、灰紫色含砾砂岩，夹黄绿色细砂岩、粉砂岩及少量砾岩，厚度大于 600m。

白垩系青山群，流域内主要分布在沂沐断裂带内及蒙阴盆地，在罗庄区及郯城县北、平邑盆地有零星分布。根据火山活动旋回，区内青山群自下而上分为四组：后夼组（酸性火山碎屑岩）、八亩地组（中–基性熔岩、火山碎屑岩）、石前庄组（酸性火山碎屑岩、熔岩）、方戈庄组（偏碱性、中–基性熔岩及火山碎屑岩），区内缺失后夼组，只发育上部三组，并以八亩地组最为发育。由于火山活动的局限性，在有的地区火山喷发物沉积时，有的地区则是正常沉积，或者在火山沉积间断期也发育正常沉积。为了准确地划分这些地层，将与青山群基本同时的非火山沉积称为大盛群，自下而上分为下店组、大土岭组、马朗沟组、田家楼组、寺前村组，有时在沂沐断裂带以西青山群火山岩中也夹有大盛群某一组相同岩性的层位。青山群厚度可达数千米，大盛群可达数百米至近千米。

5. 新生界

流域内新生界地层比较发育，以大面积第四系为主，古近系、新近系仅有零星分布，并且多被第四系覆盖。

新近系地层分官庄群、临朐群、白彦组。官庄群自下而上分崮城组、卞桥组、常路组、朱家沟组、大汶口组，区内发育不全，分布零星，主要见于平邑县卞桥、费县方城、薛庄及蒙阴县常路一带，缺失大汶口组。主要为泥岩、泥灰岩、红色黏土岩等。临朐群主要见于沂水县沙沟、马站、圈里一带，自下而上分为牛山组、山旺组、尧山组，区内只发育牛山组和尧山组，成平顶山地貌，笠状、桌状覆盖于青山群、大盛群或基底变质岩之上。牛山组主要为灰黑色碱性橄榄玄武岩、气孔–杏仁状玄武岩，尧山组主要为碱性橄榄玄武岩。白彦组主要分布在平邑县和费县一带，主要岩性为灰褐色燧石砾石为主的砾岩、砂质砾岩，有时夹红色黏土条带。该组为重要的金刚石储集层位，对金刚石找矿工作具有特殊意义。

第四系覆盖层分布广泛，尤其在沂河干流两岸一带大面积分布，构成广阔平原，为良好农田。根据第四系覆盖层在区内的发育情况，自老至新分为小埠岭组、于泉组、羊栏河组、大埠组、山前组、黑土湖组、临沂组、寒亭组、沂河组。

三、岩　浆　岩

流域内岩浆活动较为强烈，既有强烈的火山喷发，又有大规模的岩浆侵入，体现了一个完整的巨型岩浆活动旋回。岩石以中、酸性岩类为主，其次为碱性、基性、超基性岩类。从早到晚岩浆活动主要有三期：前埃迪卡拉纪岩浆活动期，中生代岩浆活动期，新生代岩浆活动期。

（一）前埃迪卡拉纪岩浆活动期

该期根据沂沭河断裂带以西裂陷式地槽的褶皱回返时间分为三个亚期。

1. 造山前亚期

广泛分布于沂沭河断裂带以西地槽内，活动时间为新太古代早期，主要由三个阶段构成：泰山期前，形成相当于"万山庄组"、"太平顶组"的混合花岗岩系；泰山期，岩浆活动早期为基性、超基性岩类侵入，晚期为中酸性岩浆侵入，此阶段岩石普遍遭受区域变质作用，形成一系列正变质岩；雁翎关期，形成大规模的基性、超基性火山喷发及小规模的岩浆侵入，该亚期常见岩性有花岗岩、斜长花岗岩、变闪长岩、角闪岩、榴灰岩、滑石岩等，同位素年龄大于 2,200Ma，该亚期的岩浆活动与金刚石、滑石、石棉、磷、石墨及鞍山式磁铁矿的形成有密切关系。

2. 造山亚期

岩浆活动时间为新太古代末期—中元古代晚期。受吕梁运动影响，沂沭河断裂带以西地槽褶皱回返，形成华北原地台，并伴随有大规模的中、酸性岩浆侵入。主要岩性为黑云母花岗岩、花岗闪长岩等。同位素年龄为 1,770～1,800Ma。该期岩浆活动与金刚石、石棉、铜、镍、铂、铁、铬、金红石等矿产资源的形成有密切关系。

3. 造山后亚期

岩浆活动时间为中元古代，为地台发展期，岩浆活动不明显，仅偶见变质轻微的中基性岩类，如辉长岩、变闪长岩等，同位素年龄为 1,000～1,770Ma。

（二）中生代岩浆活动期

该期岩浆活动规模大，分布广，岩性复杂，以中、酸性岩为主。分燕山早期和燕山晚期。

1. 晚侏罗世燕山早期

本期岩浆活动仅限于沂沭河断裂带内，表现为轻微的火山喷发，形成河流相的凝灰质砂岩。同位素年龄为 174～177Ma。

2. 早白垩世燕山晚期

根据其侵入关系可分为艾山、崂山、峡山三个阶段，表现为既有强烈的火山喷发，又有强烈的岩浆侵入，是岩浆活动的主峰期。火山喷发仅限于沂沭河断裂带以西凹陷盆地及沂沭河断裂带内。岩浆侵入遍布全区。主要岩性有安山岩、火山碎屑岩、熔岩、熔结凝灰岩、流纹岩、玄武岩等喷出岩及似斑状花岗闪长岩、辉石闪长岩、石英二长岩、辉长岩、正长斑岩等侵入岩。同位素年龄为 $88 \sim 164Ma$。该亚期岩浆活动与金、银、铜、铅、锌及稀有元素、非金属矿产资源的形成有密切关系，是内生矿床的主要成矿期。

（三）新生代岩浆活动期

该期岩浆活动规模小，分布不广，仅限于沂水以北，在平邑–方城拗陷中局部发现。主要为碱性橄榄玄武岩喷发。火山喷发时期主要集中于新近纪中新世至上新世，同位素年龄为 $11 \sim 16Ma$。

第二节　沂河流域地形地貌特征

一、地 貌 特 征

1. 地貌复杂、类型多样

沂河流域位于我国地势第三级阶梯的东缘，鲁中山地丘陵的东南部。本区地貌复杂，类型多样，有中山、低山、丘陵、山间平原和盆地以及沂沭河冲积平原等多种类型。它们高度不同，形态各异。根据其形态、成因，可划分为中山、低山、丘陵、山间平原和沂沭河冲积平原等，具体情况见表1-1。

表 1-1　沂河流域地貌类型特征表

地貌类型	海拔高度/m	相对高度/m	坡度/(°)	切割密度/(km/km²)	切割深度/m	形态特征	地质成因	面积/hm²	占总面积/%
中山	1000 以上	500	20～30	2	123	山坡陡峭，河谷深切	断块抬升	680	0.07
低山	500～1,000	350	15～20	1.8	77	山岭低缓，宽谷浅切	断块抬升	62,200	6.20
丘陵	200～500	200	10～15	1.6	55	孤立缓岭，脉络不明	断块抬升	612,420	61.04
山间平原	250～500	50	3			地面较平，向河谷微倾	断块凹陷	63,840	6.36
冲积平原	50 以下	20	1			地面坦荡，土层深厚	河流冲积	211,900	21.12
洼地	20 以下	10	1				湖积洼积	52,300	5.21

2. 地势西北高、东南低

流域内主要山脉有蒙山山脉、沂山山脉，均呈北西–南东向延伸，且山势由西北向东南逐渐降低，形成本区地势西北高、东南低的格局。沂河的主要支流如祊河、蒙河、东汶河等均顺着山势自西北向东南注入干流。

3. 地形破碎

流域内山地、丘陵受到河流切割比较强烈，地形较为破碎。

二、主要地貌类型

1. 中山地貌

流域内中山地貌主要有蒙山、沂山，构成沂蒙山地的最高部分，海拔均在 1,000m 以上。山体核心都由变质岩和岩浆岩组成，岩石风化后，形成砂质土。都有一个陡峭的山峰叫"顶"，如蒙山龟蒙顶、沂山玉皇顶。一般切割密度和深度都较大，沟谷与山岭相间，平行展布。在蒙山、沂山上均可见阶梯状的山坡和三级夷平面，表明山地抬升过程中具有阶段性。

蒙山山脉位于流域的西部，自西北向东南延伸于平邑、蒙阴、费县、沂南之间，绵延 75km，与北面的泰沂山脉共同组成鲁中南低山丘陵区的脊梁。其名始见于春秋战国古籍，春秋时属鲁，因位于鲁东，又名东蒙、东山。海拔千米以上的山峰有龟蒙顶、挂心崛子、望海楼、冷峪顶等，主峰龟蒙顶因形似卧龟而得名，海拔 1,155m，为全区最高峰，也是山东省第二高峰。山体结构为泰山群变质岩系，核心部分为混合花岗岩。蒙山山势雄伟，自然风光秀丽，自古以来吸引了无数文人墨客到此观光游览，名胜古迹颇多，目前是临沂市旅游开发的重点。

沂山山脉位于沂河流域的东北部，绵亘于沂水县的北境，西面隔沂河上游谷地与鲁山相望。山体主要由泰山群黑云母变粒岩、片麻岩、混合岩等组成，局部见有寒武系之页岩、灰岩和新近系玄武岩等。主峰玉皇顶海拔 1,032m，为临沂市第二高峰。玉皇顶周围有 29 个山头环绕，峰峦叠嶂，气势磅礴。主峰南侧耸立着一座石崖，如刀削斧劈，崖上有一清泉飞泻而下。山上还有许多古建筑，碑文石刻随处可见。是旅游开发的重要场所。

2. 低山地貌

低山地貌海拔一般在 500m 以上，在沂河流域分布较广，主要分布在北部和西北部一带，如沂水县北部、沂南县西部、蒙阴县大部、平邑县和费县的西南部等地。

全市海拔 500m 以上的山峰有近 5,000 座，与蒙山、沂山等中山山地共同构成沂蒙山区。低山地貌中最典型的是由倾角很小的厚层石灰岩覆盖在砂页岩之上形成的崖壁峭立、山顶平坦的方山地貌，当地称为"崮"，如孟良崮、岱崮、抱犊崮等。沂蒙群崮的共同特点是：顶部平坦，顶的周围是峭壁，险峻异常，远远望去，好象一顶顶高耸的"帽子",顶下峭壁,一般高 7～20m,几乎全是石灰岩结构。崮下山体大都是由砂岩、页岩、玄武岩等岩石构成。顶的面积小的几亩,大的数百亩。沂蒙群崮,不但形势险峻,且景色奇秀可爱,是一种独有的自然旅游资源。

3. 丘陵地貌

沂河干流以西的丘陵地貌主要分布在山地的外围,多呈孤立缓岭,脉络不显,沟谷切割强烈,地貌破碎,切割密度平均为 1.4km/km²,切割深度平均为 80m。多由石灰岩和页岩构成,称为青石丘陵。由于岩石漏水强烈,地下水埋藏深,地表缺水严重,水土流失在各类地貌类型中是最严重的。

4. 山间平原、盆地及沂沭河冲积平原

山间平原和盆地主要分布在上述山地、丘陵间的河谷地带,有的表现为顺谷地延伸的长条形山间平原,如汶河谷地、祊河谷地;有的表现为四周高,中间低的山间小盆地,如蒙阴盆地。这些山间平原或盆地,多数是在断块凹陷的基础上经流水冲积及两侧或周围山地的洪积而形成的。这里地表平坦,土层较厚,水源丰富,土壤肥沃,是主要的农耕区之一。

沂沭河冲积平原主要分布在沂沭河中游及下游两岸,它由沂沭河长期冲积而成。北自沂水县城起,向南随着地势的逐渐低下,平原面积逐渐增大,呈喇叭状分布。该平原地面坦荡,土层深厚,土壤肥沃,是主要农耕区。

三、地 貌 分 区

根据上述五种地貌类型,结合其区域分布,沂河流域可划分为两个地貌区,即:沂蒙山地区,指沂河上游山地及沂河以西(兰陵县南部平原除外)的广大地区,从地貌类型上看,本区主要是中山、低山、丘陵地貌及夹杂其中的山间平原、山间盆地等;沂沭河冲积平原区,主要指沂河下游的兰山区、河东区、兰陵县、郯城县沂河两岸的冲积平原。

第三节　沂河流域气候特征

一、影响本区气候的主要因素

地理位置、大气环流、地形是影响临沂市气候形成的三大因素。

1. 地理位置

山东省境内的沂河流域位于北纬 34°22′～36°13′,南北跨纬度约 2°,属典型的暖温带地区。其太阳高度和昼夜长短一年中变化很大。以临沂市区为例,正午太阳高度从冬至的 31°26′增加到夏至的 78°26′,太阳照射时间从冬至的不足 10h 增加到夏至的将近

14.5h（表1-2）。这是产生夏热冬冷、春秋温和的四季变化的主要原因。

　　本区位于泰沂山地的南侧，东隔日照、赣榆与黄海相望，距海很近，因此，海洋对本区，特别是本区东部气候影响很大。

表1-2　临沂市气象台测得临沂太阳高度和昼长的年变化

纬度	春分		夏至		秋分		冬至	
	太阳高度	昼长	太阳高度	昼长	太阳高度	昼长	太阳高度	昼长
35°04′N	54°56′	12.10h	78°26′	14.31h	54°56′	12.07h	31°26′	9.50h

2. 大气环流

　　我国是典型的季风气候区，季风环流当然也是沂河流域气候形成的主导因素。沂河流域地处我国东部近海，在东亚大的季风环流形势影响下，风向随季节的变化十分明显。冬季，蒙古高压势力强盛，其中心气压可达 $1.42×10^5$ Pa。本区位于高压的东南部，故冬季盛行偏北风。每年11月至翌年3月，本区主要受这种冬季风的影响，其控制下的天气特征是空气干冷，雨雪稀少。夏半年，蒙古高气压退缩，以至消失，我国东部大部分地区为热低压所盘踞，太平洋高压北上西伸，到7月份发展到鼎盛时期，本区为它所控制，故夏季盛行东南季风。东南季风来自温度高、湿度大的热带海洋地区，带来了大量的暖湿空气，当与北方南下的冷空气相遇时，往往产生大量降水，所以夏季高温多雨。由于季风活动的不稳定性，往往容易造成旱涝灾害。

3. 地形

　　地形对气温、降水、风等均有影响。

　　地形对气温的影响主要表现为以下三个方面：沂河走廊导致北方冷空气南下，又受到沭东丘陵的阻滞作用，冷空气积聚下来，因此，在沂河中上游的沂水一带形成冷中心；高大的山脉起到天然屏障作用，是冷暖空气的自然分界线，如蒙山北麓的蒙阴，是北部山区的冷中心，而南麓的费县是南部地区的暖中心；地势对气温的降低作用。

　　地形对降水的影响：本区的年降水量从东南向西北递减，除受夏季风由东南向西北推进的影响以外，地形也起到了辅助作用，因为流域内主要山脉多为北西-南东走向，形成向东南沿海倾斜的谷地，暖湿气流沿谷延伸，被迫抬升，形成地形雨，因此，谷口处和山地迎风坡降水较多（表1-3）。

表1-3　山地迎风坡与背风坡降水量比较　　　　　（单位：mm）

月份	1	2	3	4	5	6	7	8	9	10	11	12	全年
蒙山北麓大棉厂	10	16	27	60	45	103	349	194	92	41	46	13	996
蒙山西南麓上冶	7	9	18	46	40	100	272	156	61	28	20	9	766
两地差值	3	7	9	14	5	3	77	38	31	13	26	4	230

地形对风产生影响。本区大部分地区的风向均符合季风气候的盛行风向，但也有个别地方，如山区，因受地形的制约，形成了自己的主导风向。地形不仅影响风向，而且影响风速。山区谷地，风力受阻，风速往往较小；平原地区，气流畅通无阻，风速一般较大。如北部山区的一些山间小盆地年平均风速 2.5m/s，而郯城年平均风速为3.3m/s。

另外，人类活动对气候也有一定的影响。通过封山育林、修建水库、扩大水田和发展灌溉等，已使局部地区的小气候有所变化。如云蒙湖地区的初霜比修建水库之前，约推迟十天左右的时间，临沂"城市热岛"效应也开始凸现。

二、气候特点

沂河流域属典型的暖温带大陆性季风气候区，气候总体特征是冬季寒冷干燥，夏季高温多雨，四季分明。年平均气温 12.8 ~ 14.0℃，≥10℃积温大致在 4,200 ~ 4,500℃。流域多年平均降水量约 850mm，降水季节分布很不均匀（如表1-4）。另外，受地形地势影响，降水一般从东南向西北减少，山地迎风坡降水较多。受江淮气旋波的影响，从兰陵县向东北经临沂市区、莒南县是多雨带，降水一般在 900mm 以上。

表1-4　沂河流域全年降水量季节分配

季节	春（3~5月）	夏（6~8月）	秋（9~11月）	冬（12月~次年2月）
占全年的百分比/%	15	60~65	15~20	5

三、气候分区

根据各地的地理环境，特别是水热条件，将本区气候划分为三个气候小区。

1. 北部山地气候区

本区位于临沂市北部，包括沂水的全部、蒙阴的大部、沂南北部、莒南的北部边缘山地、蒙山山脉。本区地形起伏大，蒙山、沂山海拔均在 1,000m 以上，500m 以上的山地丘陵广布，其间夹杂着 200m 以下的山间谷地和小盆地。本区气候的主要指标：年平均气温最低，一般在 12 ~ 13℃，最热月 7 月平均气温 25℃，最冷月 1 月平均气温-3.5℃，无霜期约 200 天，为全市最短，≥10℃积温 4,100 ~ 4,300℃；水分条件相对较差，干燥度为 0.9，年降水量 750 ~ 850mm；年日照时数 2,400 ~ 2,600h，是日照资源最丰富的一区；平均风速较小，为 2.4 ~ 2.8m/s。

2. 西部丘陵气候区

主要包括平邑和费县，除中部的浚河-祊河谷地外，主要是海拔 500m 以下的低山丘陵区。主要气候指标：年平均气温约 13 ~ 14℃，最热月 7 月平均气温 26℃左右，最冷月 1 月平均气温-2℃。无霜期约 205 天，≥10℃积温 4,400 ~ 4,500℃，热量条件为全市最好；水分条件较差，干燥度为 0.9，年降水量在 750～850mm 之间；全年日照时数 2,500～2,600h；年平均风速 2.6～3.3m/s，为全流域最大。

3. 南部平原气候区

包括兰山、罗庄、河东、郯城、苍山的全部，蒙阴、费县的东南部，沂南南部。地形除北部边缘为低丘外，大部分为沂沭河谷地及冲积平原，地势向南微倾。主要气候指标：年平均气温约 13～14℃，7 月平均气温 26℃，1 月平均气温–1.5℃，无霜期205 天，≥10℃积温 4,300～4,500℃；年降水量 850～950mm，干燥度 0.8；年日照时数 2,400～2,530h；年平均风速 2.5～3.3m/s。

第四节　沂河水系概况

沂河水系是鲁南地区最大的水系，发源于淄博市沂源县，向南依次流经临沂市的沂水县、沂南县、市区（河东、兰山、罗庄）、郯城县，在郯城县吴道口附近进入江苏省境内。进入苏北平原后，注入骆马湖，再向南通过运河与淮河相通。总长 333.0km，其中山东省境内长 287.5km，江苏省境内长 45.5km。流域面积 11,820km²，其中山东省境内流域面积 10,772km²，江苏省境内流域面积 1,048km²。流域北部为鲁沂山地，西北部为泰沂山地，地势西北高，向东南倾斜。从河源至跋山水库，大部分为山区，山峦叠嶂，海拔 300～800m；以下至东汶河口，多为丘陵及高地，海拔 100～300m；东汶河口以下向冲积平原过渡，至临沂市区以下进入平原，地面高程由 70m 逐渐下降，纵比降 1/2,000～1/3,000。

一、沂河之源

沂河在沂源县南麻镇南的螳螂河口以上，有四个源（图 1-1）。

1. 徐家庄河

源头在沂源县徐家庄乡小黑山，向北流经徐家庄东、艾山西，继续向东北流至鲁村西南，从左侧汇入源于三府山的草埠河、西坡河后，东偏南流入田庄水库。河长23.5km，流域面积 175.4km²。

2. 大张庄河

源头在沂源县大张庄镇老松山北麓，向东北流经大张庄东，至店门南，从左侧汇入发源于张家旁峪南的南岩河后，继续向东北流入田庄水库。河长 30.0km，流域面积 184.2km²。

3. 高村河

发源于沂源县大张庄镇狼窝山的北麓，向北流入田庄水库，河长 20.5km，流域面

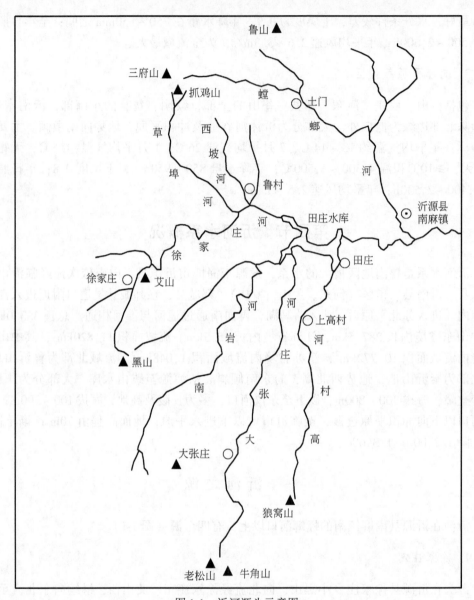

图 1-1　沂河源头示意图

积 52.4km²。

4. 螳螂河

发源于鲁山西南，三府山东麓，向东南流经土门镇北后，从左侧汇入鲁山南麓之水，继续向东南流至沂源县城南麻镇西南注入沂河干流。河长 27.0km，流域面积 187km²。

综上所述，沂河发源于鲁山南麓，大张庄河最长，流域面积最大，其源头为沂河源头。

二、上游：田庄水库—跋山水库

沂河出田庄水库向东流 1.5km 处断面河底高程为 281.0m，左岸高程 287.1m，河宽 151.6m，该断面以上流域面积 424km²。向东约 7km 处，螳螂河从左侧汇入。过河南村，儒林集河从左侧汇入。至沂河头村东，悦庄河从左侧汇入。至小水村南，石桥河从左侧汇入。之后，转向西南流至大贤山之阴，白马河从右侧汇入。河流转向东南绕流大贤山东麓织女洞处，水流湍急，过马苗二河西村，杨家庄河从右侧汇入。至韩王崮山之阴，韩庄河从右侧汇入，至北王家庄东，苗庄河从右侧汇入，相继又从左侧汇入了大泉河。在东里店镇水文站，断面以上流域面积 1,182km²，河长 77.8km，其中至田庄水库下测试断面 45km。断面处最低河底高程 200.8m，平均坡降 2.32‰，河宽 403.3m，左右岸滩面高程 203.7m。过东里店至长旺村西，长旺河从左侧汇入。至黑山头，马连河从右侧汇入。至石马南 1km 处入沂水县境内，至新民官庄西北转向西南流注入跋山水库，暖阳河从水库左岸注入。

田庄水库至跋山水库，河长 66.7km，是天然山谷河道，两岸无堤，河底高程 281.0 ～ 149.8m，坡降为 2.32‰ ～ 1.8‰，河宽 151.6 ～ 514.0m，区间流域面积 1,782km²。

三、中游：跋山水库—祊河口

沂河出跋山水库向南流一千多米，至小半城东，河床增宽至五百余米，河中沙丘将河水东西分流，下行一千多米后合流，向东南流至前善瞳村南，顺天河从左侧汇入。至沂水县城西北，小沂河从左侧汇入。继续下行流过县城西关，转向南流至公家瞳村东南，崔家峪河从右侧汇入。至赵家楼村西南，建有北社拦河坝。在坝下 0.5km 处检测断面，断面以上流域面积 2,278km²，最大河宽 332.0m，河底高程 124.1m。之后继续向东南流，至李庄南又折向南流约 6km，至斜午村西南，建有斜午拦河坝。向下至东梅沟村南 1km 多，流入沂南县境内。至邵家宅村南，姚店子河从右侧汇入。向西南流至徐家独树村东南，铜井河从右侧汇入。向东南流至榆林子村西，苏村西河从左侧汇入。然后折向南流，至西望仙村西，苗家曲河从左侧汇入。至河北村北，张家屯河从左侧汇入。至朱家庄东南，莪庄河自西北汇入。至袁家庄东北，东汶河自西北汇入。过阳都遗址南流至梁家庄子南，石沟河从右侧汇入。至葛沟村，建有葛沟拦河坝，坝下 0.8km 处设有葛沟水文站，断面以上流域面积 5,565km²，至源头河长 182.5km，检测断面最大河槽宽度 460.0m，河底最低高程 85.0m，左右岸高程均为 92.8m。

东汶河发源于蒙阴县李家榛子崖西青山北麓，源地海拔高程 442.0m，向东南流经蒙阴县和沂南县境，在沂南县王家新兴村南注入沂河，全长 132km，流域面积 2,427km²。

跋山水库坝下至葛沟坝下，河道长度 81.35km，平均坡降 0.8‰，两岸仅有少量不连续堤防，基本为无堤天然河道，两岸多土质陡坡，易冲刷和坍塌。沂水县城以下，河道两侧修筑了滨河大道。

过葛沟坝向西南流至洙阳村南约5km处，蒙河自西北汇入。蒙河发源于蒙阴县界牌镇中山，向东南流经蒙阴县、沂南县境，在与兰山区交界处汇入沂河。沂河过蒙河口进入河东区、兰山区境内。流经汤头镇西，继续向南流约20km，进入临沂城区，沂河最大的支流祊河从西侧汇入。从葛沟坝到祊河口，河道长约34.6km，河底高程85.0～59.0m，平均坡降0.6‰，河槽宽440.0～1,235.0m。两岸均修筑了滨河大道。

祊河是沂河最大的支流，发源于邹县南王村西山，上源在平邑县境内称唐村河、浚河，至费县汇入温凉河后始称祊河，向东南流，在临沂城北注入沂河。全长158km，流域面积3,376km^2。

四、下游：祊河口以下段

沂河汇入祊河后，流经平原地区，河道宽展。至刘道口，建有引沂入沭分洪闸。在李庄镇西，右岸建有邳苍分洪道，建有李庄分洪闸。李庄分洪闸下4km断面以上流域面积10,466km^2，河长245.0km，河底高程49.3m。再向下游至郯城县码头镇西，建有码头拦河坝。向下流经吴道口村东入江苏省境内。从祊河口到省界，河道长70.9km，河道高程60.7～30.0m，平均坡降0.46‰。

沂河过鲁、苏边界仍向西南流，至石坝窝芦口坝堵口，折向东南流20.5km，至华沂村东北，右岸有老沂河口筑坝，向下至杨庄西左岸有白马河汇入，再5.7km，左岸有浪清河汇入，再7.0km，左岸有老墨河汇入，再5.0km至苗圩东南注入骆马湖。

从省界至骆马湖，河道长45.5km，河底高程30.0～21.0m，平均坡降0.2‰。

第五节　沂河流域的土壤和植被

一、土　壤

沂河流域地质地貌复杂，成土母质类型多样，农业历史悠久，地带性土壤是棕壤和褐土，另外还有潮土、砂姜黑土和水稻土。

棕壤在本区主要分布在蒙山山系、四海山系、沂山山系，成土母质以花岗岩和花岗片麻岩等酸性岩类风化搬运而成的残积-坡积、坡积-洪积和冲积物为主，其他是普通砂页岩、片岩、正长岩等风化物。呈微酸性或酸性反应，剖面红棕色，不含游离的碳酸钙。成土过程具有明显的淋溶、黏化和生物积累过程、人工旱作熟化过程。根据成土过程、土壤属性的差异，分为普通棕壤、白浆化棕壤、潮棕壤、酸性棕壤和棕壤性土五个亚类。棕壤在本区分布面积最大，除一部分棕壤性土作为林地外，其余大部分已垦为农田。

褐土主要分布在沂河以西石灰岩山体上及其周围。成土母质为石灰岩、砂页岩、基性岩风化物和新近纪红土。典型土壤剖面呈褐色，中部有明显的淋溶淀积黏化层，并有明显的褐色胶膜及钙质斑点或斑纹。一般中性至微碱性，有微弱或中度石灰反应，底部有钙积层或石灰结核等。成土过程有明显的黏化过程、弱度钙化过程，较弱的生物积累过程和潮化过程，人工垦殖后还有旱作熟化过程。分为褐土、淋溶褐土、潮褐土、褐土性土和石灰性褐土五个亚类。分布面积仅次于棕壤，大部分已开垦耕种。

潮土主要分布在流域中南部沂沭河冲积平原上，其他区域在沂河干流及支流两岸也有分布。成土母质为第四纪以来的河流冲积洪积物。成土年龄短，沉积层理明显，土层深厚，地下水位一般在 3~4m，随地下水的升降，土壤剖面产生氧化还原交替过程，底部有大量钙纹钙斑或蓝灰色潜育层。成土过程主要是潮化过程。分普通潮土、湿潮土和盐化潮土。

砂姜黑土主要分布在沂沭河冲积平原、涝洼平原和蒙山山体冲积扇边缘的低洼地带，成土母质为第四纪以来的浅湖沼相沉积物。土质黏重，地下水排泄不畅，地下水位通常在 1~3m。由草甸潜育土经脱潜育过程发育而成，具有旱作熟化特点。适种小麦、玉米、水稻、大蒜等作物。

水稻土是各种不同类型的土壤经长期水作熟化过程，改变了原来的成土过程和发育方向而发育起来的一种新的土壤。成土过程主要是水作熟化和氧化还原交替过程、物质的淋溶淀积过程及有机质的积累和分解过程。主要分布在沂沭河冲积平原上。

二、植　被

沂河流域的植被类型主要有针叶林、落叶阔叶林、灌草丛和少量竹林。

针叶林树种主要是油松、赤松和侧柏。油松主要分布在 800m 以上的高度，主要在蒙山、沂山。赤松分布在北部山地丘陵的棕壤上，侧柏主要分布在石灰岩、钙质砂页岩等山丘的褐土上，多成疏林状态，常混有五角枫、刺槐等。

阔叶林树种较多，主要有槐、栎、杨、柳、榆、椿及各种温带果树等。刺槐是主要树种，分布广泛。栎树有麻栎、栓皮栎，主要生长在山丘粗骨棕壤上。杨柳是平原的主要树种，榆、椿、楸等主要散布于丘陵上。经济林分布广泛，多为园林栽培。

灌草丛主要有荆条、酸枣、小叶鼠李、胡枝子、菅草、野古草、羊胡子草等，分布于山地丘陵区的林下及山坡上。竹林主要分布在一些朝阳避风而又湿润的地方，有淡竹、水竹等。

第二章 研究内容与研究方法

第一节 研 究 内 容

一、主要研究内容

关于末次冰期的环境演变研究已经有大量研究成果，而针对沂河流域的研究虽然有些成果（Shen et al., 2015；曹光杰等, 2015, 2017a, 2019；高华中等, 2006；高华中, 2015），但还不够系统。将空间观测、地面探测和钻探技术相结合，综合利用地层学、地貌学、沉积学、年代学和河流动力学的方法，系统重建沂河末次冰期最盛期以来的古河道，定量计算末次冰期最盛期以来沂河的古流量，通过典型剖面分析，探讨沂河流域的环境变化，可以为探讨末次冰期最盛期以来淮河流域河流的水量平衡和水分循环提供重要的线索，为东亚暖温带季风区的河流古河道和古流量研究提供一个典型实例，以期实现晚第四纪古环境研究、河流古水文研究新的突破。

主要研究内容包括以下五个方面。

1. 沂河末次冰期最盛期以来古河槽地层分析与年代序列

利用钻孔剖面和挖掘剖面，结合采样分析，建立古河槽地层层序和年代序列，确定古河床相沉积以及古河槽的年代；分析古河床相沉积物的颗粒级配特征及其变化，确定末次冰期最盛期、晚冰期、全新世大暖期等典型时段的古河床相沉积物的平均粒径 d 及 d_{50}、d_{90}、d_{95} 等特征参数。

2. 沂河末次冰期最盛期以来古河道的平面位置与平面形态

利用物探、钻探数据及年代序列，结合野外实地考察，确定沂河末次冰期最盛期、晚冰期、全新世大暖期等典型时段古河道的平面位置，分析与测算典型河段的平面形态参数，如平滩河宽、弯道曲率半径、弯曲带宽度等。

3. 沂河古河槽的断面形态特征分析与平原河道河床纵比降

利用钻孔剖面及物探剖面，结合地层和沉积相分析，确定末次冰期最盛期、晚冰期、全新世大暖期等时段沂河古河槽的断面形态，测算古河槽宽度、深度、宽深比、过水断面面积等参数，并进行对比分析。分析沂河古河道纵比降的变化。

4. 沂河古流量的计算

根据获得的末次冰期最盛期、晚冰期、全新世大暖期等时段古河槽平面形态参数、剖面形态参数以及河床相沉积物粒度特征参数，利用河道经验公式以及河道水力学公式，选择合适的断面，计算各时段的沂河古流速，根据流速、断面等计算古流量，并进行对比分析验证。

5. 典型剖面环境变化的地层记录分析

通过对典型剖面进行地球化学元素、粒度、烧失量、δ^{13}C 及孢粉等分析，结合地层年代，探讨沂河流域末次冰期最盛期以来的环境变化。

二、解决的关键问题

本书探讨末次冰期最盛期以来气候变化对暖温带季风区非直接入海的区域性河流的河道演变与流量变化的影响，通过沂河河道演变及流量计算与典型剖面的各种环境代用指标分析结合，探讨沂河流域末次冰期最盛期以来的环境演变。主要解决了以下几个关键问题。

（1）沂河古河道位置和形态的确定。由于河道的摆动，末次冰期盛冰期等时段的古河槽的平面位置不一定就在现在河床所在的位置，因此通过多种手段和方法以及较大范围的调查，比较准确地确定古河道的位置和形态，是本书解决的关键问题之一。

（2）古河槽年代的确定。此前缺乏古河槽中直接的确凿的年代数据，因此古河槽和古河床相沉积的形成时期，无法准确确定。通过钻探及工程挖掘，采集合适的样品，采用碳-14（^{14}C）、光释光（OSL）等多种方法进行年代测试，解决了古河槽的年代问题。

（3）古流量的估算方法。国内外流量计算的方法很多，但都涉及河槽的断面形态，因此，选择典型的河槽断面，较准确地计算古流量是该研究要解决的另外一个关键问题。

（4）典型剖面的地球化学元素、孢粉等环境变化替代指标的分析。

三、技术路线

搜集沂河干流及主要支流上河谷横断面第四纪钻孔资料并进行地层分析。对搜集的各断面的钻孔资料，根据其地理坐标进行配准定位，选出在同一方向上的钻孔。运用 ArcGIS9 计算钻孔之间的距离。根据钻孔的距离及各沉积层的厚度，分别确定横比例尺、纵比例尺，运用 Mapinfo 软件绘制沂河上各断面地质剖面示意图。结合物探及钻探资料，初步确定古河道的位置和形态。根据绘制的河道剖面图，选择合适位置，挖掘部分剖面，采集年代样品和粒度样品。在船流街断面钻探部分钻孔，采集所需年代和粒度样品。结合跨河所进行的工程挖掘等，采集所需要的年代样品、地球化学分析样品及粒度样品等。对采集的年代样品进行^{14}C、OSL 等年代学分析以及粒度等方面的分析。确定末次冰期最盛期以来河床相沉积的年代和古河槽的形态以及过水断面面积。根据末次冰期最盛期、晚冰期、全新世大暖期等时段古河槽中河床相沉积物的粒度，计算当时河床泥沙起动流速。根据断面流速分布规律，利用河床泥沙起动流速计算当

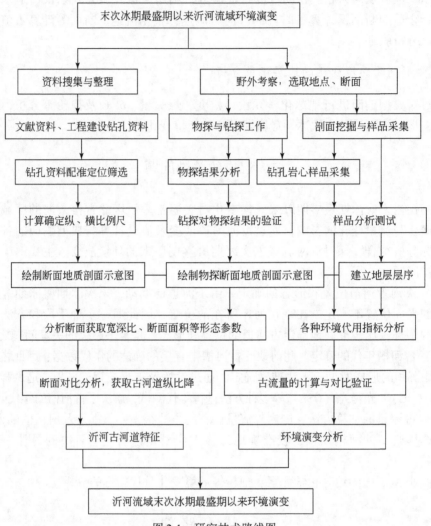

图 2-1　研究技术路线图

时断面平均流速。根据过水断面面积和断面平均流速的计算结果，计算末次冰期最盛期、晚冰期、全新世大暖期等时段的古流量。根据古河道平面形态参数，运用流量经验公式计算各时期的古流量。对计算结果的可靠性以及误差进行评价。分析河道演变、流量变化对气候变化的响应。

选择沂河中下游的几个地点，挖掘剖面，采集所需的样品，进行地球化学元素分析、烧失量分析、孢粉分析等，用多种环境代用指标分析末次冰期最盛期以来沂河流域的环境演变。

主要包括以下几个步骤。

（1）获取数据：通过野外调查、资料收集、物探分析、钻孔分析和样品测试，获取研究所需的资料和数据。

（2）提取参数：通过对资料和数据进行分析，恢复古河道，提取古河道平面和河槽剖面形态参数。

（3）判别类型：根据提取的参数以及判别公式，综合判别沂河末次冰期最盛期、晚冰期、全新世大暖期等时段的河道类型。

（4）计算流量：利用多种方法，对多个河段的多个断面各典型时段的满槽或者平滩流量等进行计算，推算出各时段的沂河古流量。

（5）验证结果：通过对各方法多个河段、多个断面计算结果的对比分析，对计算结果进行验证，并对误差做出评价。

（6）分析环境演变：用典型剖面的地球化学元素等环境代用指标的变化，分析沂河流域的气候环境变化。

研究技术路线见图 2-1。

第二节　研 究 方 法

采用野外考察与室内分析相结合，定性分析与定量计算相结合，物探与钻探相结合，地层分析与年代测试相结合，平面形态与断面形态相结合，点上研究与线上调查相结合，综合利用浅地层剖面、层序地层、地貌学、沉积学、年代学、河流动力学和地球化学等的方法，多河段、多剖面、多垂线估算并相互校验，系统地重建沂河干流末次冰期最盛期以来的古河道，恢复末次冰期最盛期、晚冰期、全新世大暖期等几个典型时段古河道，比较准确地估算各典型时段沂河的古流量，探讨河道演变与气候变化的响应。对几个典型断面，通过样品的地球化学分析、粒度分析、烧失量分析、孢粉分析等，探讨末次冰期最盛期以来的环境演变。

一、资料的搜集与整理

1. 文献资料的搜集与整理

通过查阅地方志、河流志等，搜集整理沂河各时期的资料记载，整理历史时期以来沂河河道的变化情况，并据此加以分析。

2. 钻孔资料的收集与整理

收集整理沂河及其最大支流祊河上大桥及拦河坝的工程钻孔资料，特别是具有一定代表意义的分析钻孔资料。

搜集的钻孔资料包括：沂水县沂河南大桥工程地质钻孔 13 个、沂水县崮山橡胶坝工程地质钻孔 11 个、沂水县北社橡胶坝工程地质钻孔 9 个、沂水县南王庄沂河大桥工程地质钻孔 23 个、336 省道沂河大桥工程地质钻孔 14 个、沂南县澳柯玛大道沂河大桥工程地质钻孔 17 个、葛沟橡胶坝工程地质钻孔 8 个、玉平沂河大桥工程地质钻孔 12 个、206 国道沂河大桥工程地质钻孔 29 个、柳航橡胶坝工程地质钻孔 22 个、南京路沂河大桥工程地质钻孔 63 个、解放路沂河大桥工程地质钻孔 243 个、陶然路沂河大桥工程地质钻孔 228 个、沂河路沂河大桥工程地质钻孔 29 个、罗程路沂河大桥工程地质钻孔 26 个。另外还搜集了沂河最大支流祊河上的沂蒙路祊河大桥工程地质钻孔 26 个、206 国道祊河大桥工程地质钻孔 29 个、角沂橡胶坝钻孔 9 个、探沂祊河大桥工程地质钻孔 19 个。钻孔资料包括钻孔位置、深度、分层，各沉积层的厚度及特征等。

3. 沂河水文资料的搜集

搜集临沂水文站、葛沟水文站等沂河水文资料。

二、野外调查、采样

在对沂河流域进行多次野外考察的基础上，选择几个典型的地点进行剖面挖掘、钻探，采集所需要的样品。

(一) 挖掘剖面采集样品

沿沂河从上游到下游挖掘剖面及采集样品的情况如下。

1. 沂南县沂河西岸剖面

该剖面位于沂南县城东南沂河的西岸，挖掘剖面，剖面高约 450cm，采集光释光（OSL）年代样品 4 个，在 2 个层位上采集了颗粒级配样品。

2. 沂南县洙阳村段剖面

该河段位于洙阳村至龙王庙北，在河东岸、中部、西岸共挖掘了三个剖面。沂河东岸剖面，高约 450cm（从一级阶地到现在河床），上部为厚约 100cm 的砂质黏土层，下部为砂砾层，采集 OSL 年代样品 4 个，在 4 个层位上采集了泥沙颗粒级配样品。在沂河河床中部岛的北端挖掘剖面，剖面高约 820cm，380cm 以上为黏土、粉砂质黏土，局部夹粉砂层，380cm 以下主要是砂层、砂砾层，采集 OSL 年代样品 6 个，在 6 个层位上采集了泥沙颗粒级配样品。洙阳村东沂河西岸剖面，高约 480cm，190cm 以上为粉细砂层，由于种植杨树，有大量根系，190cm 以下主要是粗砂砾石层，采集 OSL 年代样品 4 个，在 4 个层位上采集了泥沙颗粒级配样品。

3. 船流街—解家庄段剖面

在兰山区船流街至河东区解家庄段沂河东西两岸各挖掘了一个剖面。在沂河西岸船流街村北，距滨河西路约 50m 挖掘剖面，剖面高约 794cm，上部为厚约 400cm 的灰色黏土层，约 400～420cm 为黄褐色中细砂，420～426cm 为黑色淤泥黏土，采集 ^{14}C 年代样品 1 个，426cm 以下为中粗砂、粗砂，局部有卵砾石，共采集 OSL 年代样品 7 个，在 7 个层位上采集了泥沙颗粒级配样品。该剖面 790cm 以下仍是粗砂砾石层，由于已经大量渗水，无法采集年代样品；在河东区解家庄西沂河东岸，东距滨河东路约 150m，挖掘剖面，剖面高约 560cm，整个剖面均是粗砂砾石层，在 400～460cm 卵砾石含量很大，300cm 以上沉积层扰动较大，从 300～560cm 采集 OSL 年代样品 5 个，在 5

个层位上采集了泥沙颗粒级配样品。

4. 柳航橡胶坝附近剖面

在河东区柳航橡胶坝上游、下游各挖掘一个剖面。在 206 国道沂河大桥北、沂河东岸，距滨河大道约 80m 工程挖掘剖面，剖面高约 580cm，上部约 90cm 为杂填土，从 90～280cm 为粉细砂、砂质黏土互层，280cm 以下主要是黏土，在 160～450cm 采集 OSL 年代样品 3 个，^{14}C 年代样品 4 个，在 3 个层位上采集了泥沙颗粒级配样品。在柳航橡胶坝下游、沂河东岸河漫滩一级阶地上，距离沂河水面约 10m 处挖掘剖面，高约 150cm，上部为厚约 50cm 的杂填土，50～90cm 为中砂层，90cm 以下主要是黏土层，在中砂层采集 OSL 年代样品 2 个，在黏土层采集 ^{14}C 年代样品 3 个。

5. 祊河大桥南岸剖面

在祊河南岸祊河大桥西侧工程挖掘剖面，剖面上部为厚约 300cm 的建筑垃圾、杂填土，往下为厚约 250cm 的黏土层，约 630cm 以下为沙层，约 1,150cm 以下有厚约 250cm 的黏土层，下部是灰岩，在 630～790cm 的沙层中采集 OSL 年代样品 4 个，在 4 个层位上采集了泥沙颗粒级配样品。

6. 水田桥附近剖面

剖面位于沂河支流小涑河南岸，剖面高约 300cm，0～120cm 为褐黄色粉砂质黏土，120～240cm 为灰色粉砂质黏土，240～300cm 为褐黄色粉砂质黏土。在 120～240cm 段间隔 2cm 进行连续采样，共采集样品 60 个。在 122cm、172cm、202cm、222cm、232cm、240cm 采集 ^{14}C 年代样品 6 个。

7. 沭埠岭剖面

该剖面位于临沂市河东区沭埠岭临沂飞机场附近，剖面高度约 140cm，0～17cm 为灰黄色黏质粉砂，18～114cm 为黑灰色粉砂质黏土，115～140cm 为褐黄色粉砂质黏土。每 2cm 采集一个样品，共采集 67 个样品。其中在 24cm、54cm、74cm、94cm、114cm、116cm 采集 6 个 ^{14}C 年代样品。

另外，还在陶然路沂河大桥下游约 1km 处河床上采集了部分年代样品，在祊河几个断面上采集了部分年代样品和粒度样品。

（二）钻探采集样品

在兰山区船流街村北钻取 2 个钻孔，采集 ^{14}C 年代样品 4 个，粒度样品及地球化学样品 72 个。

三、浅层地震勘探

采用地震勘探和瑞雷波（Rayleigh）勘探。使用仪器为长沙产 GJY-1A 型工程检测仪，金达物探技术公司研发的地震仪，西安地质仪器厂生产的 4 Hz、100 Hz 检波器。采用 CSP3.0、CSP5.0 和 RWS 地震和瑞雷波等处理软件。

1. 地震勘探

工程地震勘探是研究由人工激发的弹性波在岩土中的传播规律，解决地下工程问题的一门地球物理学科。在地表人工激发地震波向下传播，当遇到弹性不同介质的分界面时，就会发生反射、折射与透射。通过高精度地震仪记录地震波，获得若干地震记录。由于接收的地震波受到了地下地层介质的改造，就带有与地质构造、地层岩性等有关的各种信息，诸如时间、速度、能量、相位、频率等会发生异常变化。根据不同勘探目的，采取不同的采样和数据处理方法，从地震记录中提取这些信息，并进行叠加降噪、速度分析、频谱分析、滤波分析、NMO 校正、CDP 叠加、抽道合成、图像合成等数据处理，得到二位图像。对图像进行判读解译，就可以推断地质构造的形态、特殊地质体的分布等。

2. 瑞雷波勘探

瑞雷波法勘探实质是根据瑞雷面波传播的频散特性，利用人工震源激发产生多种频率成分的瑞雷面波，寻找出波速随频率的变化关系，从而最终确定出地表岩土的瑞雷波速度随场点坐标的变化关系。瑞雷波沿地面表层传播，表层的厚度约为一个波长，因此，同一波长的传播特征反映了地质体水平方向的变化情况，不同波长瑞雷波传播特征反映了不同深度地质体的情况。在地表用脉冲竖立激震时，一般会产生直达波、折射波、反射波和瑞雷波以及转动波等扰动。理论分析和实验表明，在距震源一定的距离上，瑞雷波能量最强，约占传播总能量的 67%。

在均匀地下介质中，瑞雷波的传播速度及其引起的位移和应力分布规律仅取决于基础介质的剪切速度和泊松比。从瑞雷波方程中可以得知，瑞雷波（V_r）与剪切波（V_s）之间的关系为

$$V_r = K(i)V_s \tag{2-1}$$

式中 $K(i)$ 为校正系数，它依赖于岩土的泊松比。

当岩土泊松比为 0.25、0.33、0.40、0.50 时，其 $K(i)$ 值分别为 0.920、0.933、0.943、0.953。一般岩石的泊松比为 0.25，而土的泊松比在 0.45 ~ 0.49 之间，随着泊松比接近 0.50，其瑞雷波速度趋于剪切波速度，特别是对土而言，可视为相等。

四、电磁法物探勘探

电法勘探工作采用视电阻率测深测量（点距 25.0m），装置形式为对称四极。

(一) 测地工作

测地工作使用三星双频 S750-2013 亚米级手持 GPS 定位，可进行实时的三维位置定位，单机定位精度优于 1m。在施工前应选择工区附近的国家已知控制点进行一

致性校验，并求取当地相关校正参数：北校正 −10.445，东校正 −120.765，高程校正 −44.244。

首先用 GPS 定位设计测线两段的坐标位置，用罗盘指定测线方向，使用卷尺定点，每 25.0m 定一点位，进行标记，每隔 100.0m，用 GPS 校订一下位置。

电测深 *AB*、*MN* 统一采用皮卷尺定位进行跑极（图 2-2）。

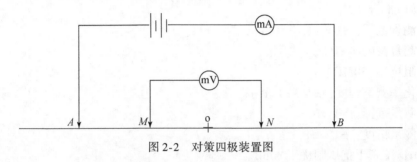

图 2-2　对策四极装置图

（二）电法工作

1. 仪器设备

工作所采用的导线为抗拉力强、导电良好、绝缘性高、耐磨损的被复线。供电导线电阻小于 $10\Omega/km$，耐压强度大于 $1,000V/5A$，供电与测量导线的断力大于 $500N$，供电导线对地绝缘电阻大于 $2M\Omega/km$，测量导线对地绝缘电阻不小于 $5M\Omega/km$。线架轻便坚固，转动灵活，与导线的绝缘性能大于 $2M\Omega/km$。

供电电极为长约 70cm、直径 2.2cm 的金属棒状圆钢电极。视电阻率测深的测量电极为长约 70cm、直径 2.2cm 的铜电极，电极表面清洁、无锈，固定接线坚固，导通良好。

采用重庆奔腾数控技术研究所生产的 WDJD-4 多功能数字直流激电仪。

2. 仪器主要特点和功能

发射、接收一体化，轻便。全部采用 CMOS 大规模集成电路，整机体积小、耗电低、功能多。采用多级滤波及信号增强技术和数字滤波，抗干扰能力强，测量精度高。自动进行自然电位、飘移及电极极化补偿。接收部分有瞬间过压输入保护能力，发射部分有过压、过流及 AB 开路保护能力。大屏幕显示，可见整条测线上视电阻率 RS、视激化率 MS1、半衰时 TH 及偏离度 γ，四参数在显示器上绘成曲线（分屏显示），测量结果直观明了。

全汉字触摸面板，汉字显示九种野外常用方式，除清除键外，采用一键一功能，操作方便，避免下拉菜单的烦琐操作，整个面板只有 24 个键。参数设置：可任意设定供电时间（$1 \sim 59s$）并有 10 种野外常用工作方式选择及极距常数的输入与计算功能。多参数测量：可测量并存储自然电位、一次电位和电流、视电阻率、视极化率、半衰时、衰减度、偏离度和综合参数等。掉电保护：具有掉电数据不掉功能，能存储 1MB

数据。标准接口：配备的 RS-232C 接口能与其他微机联机工作。故障诊断：诊断程序可快速准确地判断出故障所在位置及主要损坏器件。全密封结构具有防水，防尘，寿命长等优点。

3. 仪器主要技术指标

1）接收部分

电压测量范围：±6V。

电压测量精度：±1% ±1 个字。

输入阻抗：>30MΩ。

视极化率测量精度：±1% ±1 个字。

电流测量范围：5A。

电流测量精度：±1% ±1 个字。

对 50Hz 工频干扰压制优于 80dB。

SP 补偿范围：±1V。

2）发射部分

最大供电电压：900V。

最大供电电流：5A。

供电脉冲宽度：1~59s，占空比 1∶1。

3）其他

工作温度：-10~50℃，相对湿度 95%。

储存温度：-20~60℃。

仪器电源：1 号电池（或同样规格的电池）8 节。

重量：<7kg。

体积：310mm×210mm×200mm。

每天工作开始前都按要求对仪器及导线进行检查，确保仪器和导线性能均符合《电阻率测深技术规程》DZ/T0072-93 等相关规定规程的要求。

（三）工作方法和技术

本次电测深测量主要采用视电阻率对称四极测深法，视电阻率对称四极测深测量利用逐步改变供电电极的大小的办法来控制勘探深度，由浅入深，了解一个测点地下介质电阻率的垂向变化，以对称四极装置为装置形式。

1. 电极排列形式

采用对称四极排列方式，等比装置，即 $MN=AB/10$。

装置系数 K 计算公式为

$$K = \pi \frac{\left(\frac{AB}{2}\right)^2 \cdot - \left(\frac{MN}{2}\right)^2}{2\left(\frac{MN}{2}\right)} \qquad (2\text{-}2)$$

2. 电极距选择

$AB/2$ 极距为：0.5m、1.0m、1.5m、2.5m、4.0m、6.0m、8.0m、10.0m、12.0m、15.0m、20.0m、25.0m、30.0m、35.0m、40.0m、45.0m、50.0m，AB 最大极距为 100.0m。

（四）野外工作质量保障措施

（1）每天开工前对仪器进行校验，校验完毕后检查并记录自校读数。

（2）每个测点观测读数必须待仪器稳定后进行。

（3）电极不能布置在流水处或（矿）石碴处。

（4）尽量避免风吹或人为因素使 MN 线晃动。

（5）设法改善 A、B、M、N 电极的接地电阻。

（6）打好电极后，不在电极附近走动，以免影响读数。

（7）跑极过程中，发现有特殊地形及其他干扰物（如铁管等），及时记录。

（8）每条剖面或电测深点，除开工及收工对 AB、MN 线路全面检查一次漏电外，工作中还经常检查。在气候干燥时，平均每隔 10～20 个点检查一次，在潮湿地区和导线通过潮湿地段时，每隔 5～10 点检查一次。遇有突变点及可疑的异常时，也进行漏电检查。

（9）当发现漏电时，如果造成漏电的因素可能影响到已观测的测点，则返回检查及重复观测。

（10）仪器严格按使用说明书的规定进行操作。

（五）资料整理

当天原始记录及时输入计算机，之后进行 100% 自检及互检验收，并由项目质检小组进行抽查验收，确保记录数据完整齐全，合格后保存原始观测文件。计算完成后按统一格式打印观测记录及计算结果，绘制成果图件，检查有无突变点。野外原始磁测资料和计算结果及时建立存盘文件，并作备份，同时打印纸记录保存。

野外工作方法及各项技术要求均按《电阻率测深技术规程》DZ/T0072-93 规定执行。

五、钻　探

钻探工作采用 SPJ-300 型水井钻机施工成井，设计井深自西向东分别为 24m、13m、12m、15m、3m，由于本次主要工作目的为查清第四系覆盖厚度，所以至基岩面可终孔。开孔使用 130mm 口径钻头，终孔口径不小于 89mm。

(一) 钻井工艺

1. 钻井方法的选择

采用三翼钻头钻进，钻至设计深度，钻井采用优质泥浆作为冲洗液进行护壁。

2. 钻井技术参数

钻井参数：松散层钻井钻压 2.5 ~ 3.0t，中速钻进，大泵量；卵砾石层钻井钻压 3.0 ~ 3.5t，中–低速钻进，大泵量。

3. 冲洗液类型及性能指标

选用优质泥浆作为钻进冲洗液，钻进中其性能指标控制参数如下。
黏度：22 ~ 25s。
失水量：小于 20ml/30min。
含砂量：小于 4%。
pH 值：7 ~ 8。
胶体率：大于 95%。
钻井中，以优质黏土粉为基浆材料，并经常测定泥浆性能，及时调整。

(二) 钻探技术要点及控制措施

1. 钻探技术要点

设备安装要稳固、水平、三点对线；开孔时轻压、慢转，保证开孔垂直。

2. 控制措施

经常监测孔内冲洗液性能，并经常调整。遇卵砾石层钻进要根据孔内冲洗液漏失情况，调整泥浆的含量，并做好调试，为洗井措施的制定做好资料准备。

六、样品分析测定

采集的 ^{14}C 年代样品分别送美国 BETA 实验室、北京大学 AMS ^{14}C 实验室进行测试。^{14}C 的日期 BP 指公元 1950 年之前。根据国际惯例，现代参考标准是国家标准与技术研究院（NIST）草酸（SRM 4990C）的 ^{14}C 活性的 95%，并使用 ^{14}C 半衰期（5568a）计算。引用的误差表示基于样本，背景和现代参考标准的组合测量值计算误差的 1 个相对标准偏差统计（68% 概率）。测量的 ^{13}C-^{12}C 比率（δ^{13}C）相对于 PDB-1 标准计算。常规放射性碳年龄代表用同位素分馏校正的测量放射性碳年龄，使用 δ^{13}C 计算。δ^{13}C 值分别在 IRMS（同位素比质谱仪）中测量。它们不是 AMS δ^{13}C，它包括来自天然、化学和 AMS 诱导来源的分馏效应。在极少数情况下，使用假设的 δ^{13}C 计算常规放射性碳年龄。传统的放射性碳年龄不是从常规放射性碳年龄校准的日历，并且被列为每个样品的"双 sigma 校准结果"。通常情况下，常规放射性碳年龄和 sigma 按照 1977 年国际放射性碳会议的惯例四舍五入到最接近的 10a。当计算统计数据产生低于 ±30a 的 sigma 时，结果引用保守的 ±30a BP。

光释光（OSL）年代样品分别送中国科学院青海盐湖研究所（以下简称中科院盐湖所）、山东省地震局、南京师范大学等实验室进行测试。

粒度样品（细）用临沂大学实验室的激光粒度仪进行测试，粗颗粒的样品用筛分法算出颗粒级配。计算得出了沂南澳柯玛大道沂河大桥附近断面、洙阳村附近断面、船流街断面、沂河路沂河大桥附近断面沉积物的颗粒级配。获得了船流街北侧一个钻孔在约 74~78m 的粒度变化曲线。

地球化学元素指标分析部分在临沂大学实验室内完成，部分在南京大学实验室完成。获得了船流街北侧一个钻孔埋深约 5~5.9m 的沉积物主要地球化学元素含量的分析结果，获得了水田桥剖面、沐埠岭剖面沉积物的地球化学元素、烧失量等的分析结果。

钻孔岩心样品获得 OSL 年代 9 个，¹⁴C 年代 4 个。在沂河河床及两岸，挖掘了 9 个地层剖面，获得了 OSL 年代 39 个，¹⁴C 年代 8 个。获得了 4 个断面的泥沙颗粒级配数据。另外，还在沂河路沂河大桥附近的河床底部获得 OSL 年代 3 个，在祊河隧道南岸获得 OSL 年代 2 个、¹⁴C 年代 1 个，在 206 国道沂河大桥上游沂河西岸获得 OSL 年代 3 个、¹⁴C 年代 2 个。主要年代数据见表 2-1。

表 2-1　主要年代样品采样信息及测试结果

埋深/m	采样点及沉积层	测试方法	测试材料	测试结果	测试单位
2.5	沂南沂河西岸剖面粗砂	OSL	石英	4.03±0.23ka	中科院盐湖所 OSL 实验室
2.3	沂南沂河西岸剖面粗砂	OSL	石英	3.82±0.22ka	中科院盐湖所 OSL 实验室
1.7	洙阳村段西岸剖面粗砂	OSL	石英	3.64±0.24ka	中科院盐湖所 OSL 实验室
1.1	洙阳村段中部剖面粗砂	OSL	石英	3.24±0.25ka	中科院盐湖所 OSL 实验室
3.2	洙阳村段东岸剖面粗砂	OSL	石英	13.00±1.10ka	南京师范大学 OSL 实验室
2.8	洙阳村段西岸剖面粗砂	OSL	石英	7.50±0.70ka	南京师范大学 OSL 实验室
7.6	洙阳村段中部剖面粗砂	OSL	石英	8.30±0.70ka	南京师范大学 OSL 实验室
4.5	洙阳村段东岸剖面粗砂	OSL	石英	11.02±0.44ka	中科院盐湖所 OSL 实验室
2.7	洙阳村段东岸剖面粗砂	OSL	石英	10.07±0.51ka	中科院盐湖所 OSL 实验室
5.9	船流街钻孔粉质黏土	¹⁴C	泥炭	12.65±0.04ka cal BP	美国 BETA 实验室
4.8	船流街钻孔粉质黏土	¹⁴C	泥炭	12.10±0.04ka cal BP	美国 BETA 实验室
7.4	船流街剖面粗砂	OSL	石英	11.00±0.90ka	南京师范大学 OSL 实验室
5.9	船流街剖面粗砂	OSL	石英	8.70±0.22ka	南京师范大学 OSL 实验室
5.7	船流街剖面粗砂	OSL	石英	8.46±0.05ka	南京师范大学 OSL 实验室
5.6	解家庄剖面粗砂	OSL	石英	13.00±1.10ka	南京师范大学 OSL 实验室

续表

埋深/m	采样点及沉积层	测试方法	测试材料	测试结果	测试单位
4.6	解家庄剖面粗砂	OSL	石英	8.30±0.70ka	南京师范大学 OSL 实验室
1.5	柳杭橡胶坝东侧黏土	¹⁴C	泥炭	9.50±0.04ka cal BP	北京大学 AMS¹⁴C 实验室
1.2	柳杭橡胶坝东侧黏土	¹⁴C	泥炭	7.89±0.03ka cal BP	北京大学 AMS¹⁴C 实验室
4.4	祊河大桥南岸砂质黏土层	¹⁴C	泥炭	14.02±0.06ka cal BP	北京大学 AMS¹⁴C 实验室
4.0	祊河大桥南岸砂质黏土层	¹⁴C	泥炭	12.21±0.05ka cal BP	北京大学 AMS¹⁴C 实验室
6.1	陶然路沂河大桥下游约1km处河底粗砂	OSL	石英	22.81±2.58ka	中科院盐湖所 OSL 实验室

第三节　物探与钻探结果分析

一、浅地层地震物探结果

在临沂市区解放路沂河大桥附近进行浅地层物探工作。地震勘探震源为 24 磅①大锤，100Hz 检波器，道间距 2.0m，最小偏移距 4.0m，炮间距 1.0m，采样间距 0.5ms，采样点数 512 个。地震选用小偏移距影像法。地震勘探沿解放路沂河大桥南北两侧完成两条剖面，长 800.0m，物理点数 4,800 个。

瑞雷波勘探震源为 24 磅大锤，4Hz 检波器，道间距 1.0m，最小偏移距 2.0 ~ 6.0m，炮间距 1.0m，左右对称激发，采样间距 0.5ms，采样点数 512 个。工作方式为，左边激发最小偏移距 6.0m、5.0m、4.0m、3.0m，右边激发最小偏移距也是 6.0m、5.0m、4.0m、3.0mm。瑞雷波勘探完成 15 个物理点。

图 2-3 是临沂解放路沂河大桥附近地震剖面的影像图。

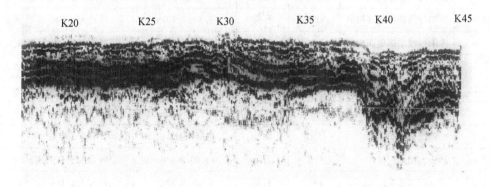

图 2-3　临沂解放路沂河大桥附近地震剖面影像图

---

① 1 磅≈0.45kg。

二、电磁法物探结果分析

电磁法物探在洙阳村断面、船流街—解家庄断面两个工作区进行（图 2-4）。在工区一（洙阳村断面）完成测线 1 条，测线长度 900.0m，完成视电阻率测深点 38 个。在工区二（船流街—解家庄断面）完成测线 3 条，完成视电阻率测深剖面 1 条，其中沂河东河床向东延伸探测距离为 2,007.0m，沂河河床中部探测距离为 350.0m，沂河西河床向西延伸探测距离为 2,100.0m，共计测量垂向电测深点 175 个。工区主要岩石视电阻率情况见表 2-2。

表 2-2 工区主要岩石物性（视电阻率）统计表

岩石名称	视电阻率/(Ω/m)
粉质亚砂土	20 ~ 50
混粒砂	50 ~ 1,000
砂砾	50 ~ 500
集块角砾熔岩	30 ~ 1,000
粗安质角砾凝灰岩	30 ~ 500
页岩	20 ~ 80
砾岩	10 ~ 100
泥岩	15 ~ 50

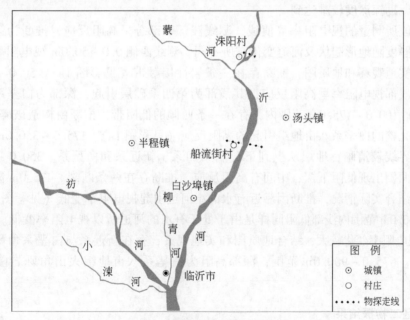

图 2-4 物探工作区位置示意图

（一）工区一物探结果

工区一测线东起沂河滨河东路，西至滨河西路（图 2-5），起点坐标：118°27′39.2″E，35°19′44″N；终点坐标：118°28′11.11″E，35°19′31.08″N，测线方向大致为 115°，测线长度 900.0m，完成视电阻率测深点 38 个。

该段测线位于沂河河道，地表多被第四系砂层覆盖，其中有两条较窄的水流，由

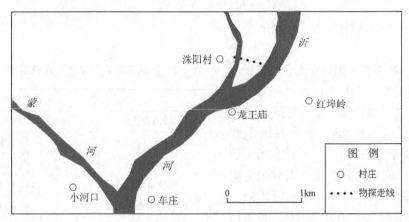

图 2-5　工区一位置示意图

已知地质资料看出，测线自东往西主要为白垩系青山群八亩地组粗安质集块角砾岩，第四系临沂组河流相灰黄色粉质亚砂土，沂河组河床相及河滩相灰黄色砂砾。根据以往地质及钻探工作情况，测线周边寒武系地层埋深较大，本次视电阻率对称四极测深极距较小，勘探深度较难达到。

　　该地段所测量的视电阻率等值线，测线浅部大部分呈高阻反应，推断为第四系砂层引起，厚度随地形起伏及河道变化有所不同。测线西侧 0.0～50.0m 视电阻率变化较大，结合实地观察和地质图，推断存在一条岩性接触带（见彩图 1a）。50.0～100.0m 范围内，浅部视电阻率呈高阻反应，其浅部为第四系砂层引起，深部为白垩系八亩地组角砾岩。100.0～175.0m 范围内，存在一条西倾的低阻带，推断由构造破碎带引起，其下为较完整的白垩系八亩地组引起的高阻反应（见彩图 1a）。175.0～350.0m 之间视电阻率分界线较清晰，地层从上到下分属第四系、新近系和白垩系。350.0～450.0m 范围内，两侧出现低阻下探，中间有高阻反应，推断存在两条断裂。475.0m 附近，浅部低阻，结合实际情况，推断因靠近有水的小河道引起视电阻率变低（见彩图 1a，b）。575.0～650.0m 范围内浅部低阻同样是由于处于有水的河道所以视电阻率变低。650.0～675.0m 视电阻率变化较大，结合地质图和实地观察，存在新近系与白垩系角砾岩的岩性接触带。675.0～900.0m 范围，深部高阻为白垩系八亩地组火山角砾岩隆起（见彩图 1c）。

（二）工区二物探结果

　　工区二共进行三条测线：船流街线、解家庄线及河床中部测线。

1. 船流街段物探结果分析

　　船流街段测线东至沂河，西至崖头村南部（图 2-6），起点坐标：118°26′06″E，35°14′05.5″N；终点坐标：118°27′29″E，35°14′01.2″N。测线方向大致为 90°，测线长度 2,100.0m，完成视电阻率测深点 80 个。

　　本区域地表被第四系覆盖，自东向西主要为沂河组河床相及河滩相灰黄色砂砾、

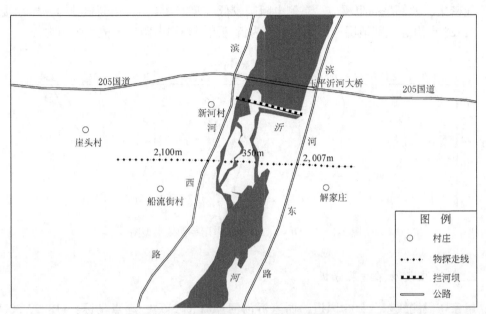

图2-6　物探工作二区位置示意图

临沂组河流相灰黄色粉质亚砂土、黑土湖组湖沼相灰黑色亚黏土。测线北部地区有寒武系馒头组、炒米店组、张夏组地层出露，岩性多变。馒头组主要岩性为灰紫色薄板状含云母片粉砂岩夹鲕粒灰岩、微晶白云岩，底部以页岩为主。张夏组分布于玉平村北部，主要岩性为灰白色厚层-巨厚层鲕粒灰岩、云质鲕粒灰岩、藻鲕粒灰岩夹薄层泥晶灰岩等。炒米店组分布于新河村西北部，主要岩性为灰色薄板状、疙瘩状微晶灰岩夹中层鲕粒灰岩、砾屑灰岩、微晶灰岩、生物碎屑灰岩。测线西侧有新近系常路组地层出露。

从该地段所测量的视电阻率等值线断面图看出，500~775号点之间20m左右以下等值线分布均匀，视电阻率逐步降低，结合以往周边钻井资料，推断为新近系地层的反映，550点及650点附近呈高阻反应（见彩图2a），推断为地面填充引起；775~1,000号点间15m以下等值线分布均匀，视电阻率逐步降低，推断为新近系地层的反映，其中900~975点间浅部呈高阻反应（见彩图2b），推断为地面填充引起；1,050~1,350点间，20m左右以下等值线分布均匀，视电阻率逐步降低，推断为新近系地层的反映，1,375点附近低阻隆起，推断该处第四系覆盖较薄，1,225~1,400点间浅部1.0~2.0m处呈高阻反应（见彩图2c），推断为地面填充及路面硬化引起；1,475点附近呈高阻反应（见彩图2d），为门前水泥路面引起，1,500~1,600点附近浅部1.0~2.0m高阻为路面硬化及地面填充引起；1,750~1,850点间（见彩图2e），低阻凸起，15m以下等值线分布均匀，推断为新近系地层引起；2,000~2,075点间，等值线向下凹陷，呈"V"字形（见彩图2f），推断该处有一条向西倾的断裂带通过；2,075~2,300点间，深部呈高阻反应，推断为白垩系八亩地组火山碎屑岩凸起所致（见彩图2f，g）；2,325等值线向下凹陷，呈"V"字形（见彩图2g），结合视电阻率曲线类型图，2,325点两侧曲线形态发生变化（见图2-7），推断该处有一条近似直立的断裂带通过；2,475点附近等值线密集，西侧呈高阻反应，东侧电阻则较低（见彩图 2 g），推断该处为一岩性接触带；2,325 点附近浅部地层亦由临沂组转为沂河组，与视电阻率等值线图相吻合。

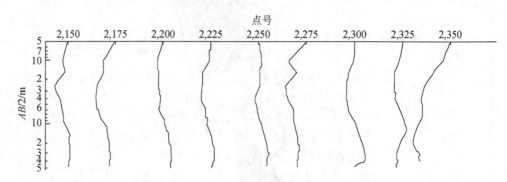

图 2-7　2,150 ～ 2,350 点视电阻率曲线类型图

2. 解家庄段物探结果分析

解家庄段测线东至 206 国道，西至沂河河床（图 2-6），起点坐标：118°27′50″E，35°14′01″N；终点坐标：118°29′06″E，35°13′59.6″N，测线方向大致为 90°，测线长度 2,007.0m，完成视电阻率测深点 81 个。

本区域地表皆为第四系覆盖，由西向东主要为沂河组河床相及河滩相灰黄色砂砾、寒亭组风成相灰黄色混粒砂、临沂组河流相灰黄色粉质亚砂土。深部地层主要为白垩系八亩地组及白垩系马郎沟组。八亩地组上部为紫红色粗安质集块角砾熔岩，下部为紫红色–绿灰色粗安质角砾凝灰岩夹少量粗安岩和绿灰色、灰紫色安山质集块角砾岩、集块角砾熔岩。马郎沟组主要岩性为砖红色粉砂岩夹灰紫色砾岩。

从该地段视电阻率等值线断面图可见，3,150 ～ 3,425 号点之间 15m 左右以下等值线分布均匀，视电阻率逐步降低，推断为完整基岩的反映，3,450 点附近等值线密集，西侧呈低阻反应，东侧电阻则较高（见彩图 3 a），结合视电阻率曲线类型图，3,450 点两侧曲线形态发生变化（见图 2-8 a），推断该处为一岩性接触带，西侧低阻部分为新近系地层引起，东侧高阻部分为白垩系八亩地组地层；3,750 ～ 3,900 点间，等值线向下凹陷，呈“V”字形（见彩图 3 b），推断该处有一向东倾的构造破碎带通过；4,025 ～ 4,150 点间，等值线向下凹陷，呈“V”字形（见彩图 3 c），推断该处有一向东倾的构造破碎带通过；4,275 点附近，等值线向下凹陷，呈“V”字形（见彩图 3 d），推断该处基岩风化破碎程度较高；4,350 点附近等值线密集，东侧呈低阻反应，西侧电阻则较高（见彩图 3 d），结合视电阻率曲线类型图，4,350 点两侧曲线形态发生变化（见图 2-8 b），推断该处为一岩性接触带，西侧高阻为白垩系八亩地组火山碎屑岩的反映，东侧低阻为白垩系马郎沟组砖红色粉砂岩及紫色砾岩引起；4,675 ～ 4,770 号点间 12m 以下等值线分布均匀（见彩图 3 e），视电阻率逐步升高，推断为马郎沟组地层的反映；4,775 ～ 5,150 点间，15m 左右以下等值线分布均匀，视电阻率逐步升高，推断为马郎沟组地层的反映，5,075 点附近浅部处呈高阻反应（见彩图 3 f），推断为地面填充引起。3,450 点附近浅部地层由沂河组转为寒亭组，3,750 点附近浅部地层由寒亭组转为临沂组，与

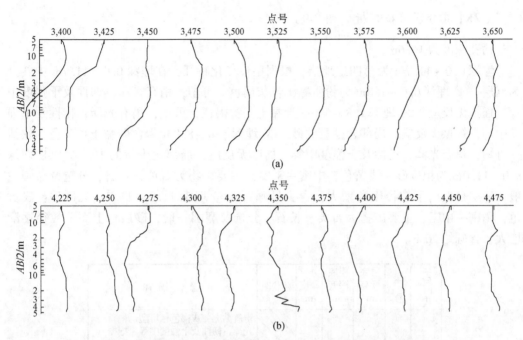

图 2-8　3,400~3,650 点、4,225~4,475 点视电阻率曲线类型图
(a) 3,400~3,650 点；(b) 4,225~4,475 点

视电阻率等值线图相吻合。

3. 河床中段物探结果分析

沂河现代河床中部物探起点坐标：118°45′98″E，35°14′01.44″N；终点坐标：118°27′33.1″E，35°14′00.57″N，测线方向大致为 90°，测线长度 350.0m（图 2-6），完成视电阻率测深点 14 个。

该段测线位于沂河河道内，地表皆为第四系砂层覆盖，为第四系沂河组河床相及河滩相灰黄色砂砾。

从该地段视电阻率等值线断面图可见，测线整体呈浅部高阻、深部低阻反应，结合地质图和以往物探工作成果，推断浅部为第四系的沙层引起的高阻，厚度不一，深部低阻部分视电阻率等值线分布均匀，推断为新近系地层。75 点附近，浅部呈低阻反应，结合实地观察，是由于靠近地表水面，导致视电阻率降低（见彩图 4）。

三、钻孔剖面分析

（一）船流街钻孔剖面分析

根据工程地质钻孔资料，选取船流街地质剖面图中 ZK1、ZK2 两个典型钻孔并对其分层沉积特征进行分析。

1. ZK1 孔分层特征分析（图 2-9）

钻孔深度为 16.6m。

埋深 0.0～11.7m 为第四纪地层，根据层位变化特征，在埋深 0.0～11.7m 中共分为五层。① 埋深 0.0～1.8m 为粉质黏土：灰褐色，可塑，稍有光泽，韧性及干强度中等，摇振无反应。② 埋深 1.8～5.0m 为黏土：黄褐色，可塑，稍有光泽，韧性及干强度中等，摇振无反应，局部含少量的砂。③ 埋深 5.0～8.0m 为含砂黏土：灰色，软塑—可塑，稍有光泽，韧性及干强度中等，摇振无反应，局部含少量的中粗砂。④ 埋深 8.0～11.0m 为粗砾砂：浅黄色，中密—密实，主要矿物为石英、长石，分选及磨圆一般，砂层自上而下粒径逐渐增大，含少量砾石。⑤ 埋深 11.0～11.7m 见砾砂：浅黄色，稍密—中密，主要矿物为石英、长石，分选及磨圆一般，砂层自上而下粒径逐渐增大，含砾约 20%。

地质时代	层号	层底标高/m	层底深度/m	分层厚度/m	柱状图	岩性描述
第四纪	1	78.20	1.80	1.80		粉质黏土：灰褐色，可塑，稍有光泽，韧性及干强度中等，摇振反应无
	2	75.00	5.00	3.20		黏土：黄褐色，可塑，稍有光泽，韧性及干强度中等，摇振反应无，局部含少量的砂
	3	72.00	8.00	3.00		含砂黏土：灰色，软塑—可塑，稍有光泽，韧性及干强度中等，摇振反应无，含少量中粗砂
	4	69.00	11.00	3.00	c1	粗砾砂：浅黄色，稍密—中密，主要矿物成分为石英、长石，分选及磨圆一般，向下粒径逐渐增大，含少量砾石
	5	68.30	11.70	0.70	l	砾砂：浅黄色，中密—密实，主要矿物成分为石英、长石，分选及磨圆一般，含约20%砾石
白垩纪	6	66.90	13.10	1.40		全风化砂岩：红褐色，原岩结构不可辨，岩石呈砂土状，干钻可进尺
	7	63.40	16.60	3.50		强风化砂岩：红褐色，中粗粒结构，块状构造，岩心呈碎块状，岩石为极软岩，岩心较破碎，岩体基本质量等级为V级

图 2-9　船流街北 ZK1 钻孔柱状图

　　埋深 11.7~16.6m 为白垩纪地层，根据层位变化特征，埋深 11.7~13.1m 中共分两层。① 埋深 11.7~13.1m 为全风化砂岩：呈红褐色，原岩结构不可辨，岩石呈砂土状。② 埋深 13.1~16.6m 为强风化砂岩：红褐色，中粗粒结构，块状构造，岩心呈碎块状，岩石为极软岩。

2. ZK2 孔分层特征分析（图 2-10）

该钻孔深度为 12.2m。

　　埋深 0.0~9.1m 为第四纪地层，根据层位变化特征共分三层。① 埋深 0.0~1.5m 为粉质黏土：灰褐色，可塑，稍有光泽，韧性及干强度中等，摇振无反应。② 埋深 1.5~4.5m 为黏土：黄褐色，可塑，稍有光泽，韧性及干强度中等，摇振无反应，局部含少量的中粗砂。③ 埋深 4.5~6.8m 为含砂黏土：灰色，软塑—可塑，稍有光泽，韧性及干强度中等，摇振无反应，含少量中粗砂。④ 埋深 6.8~9.1m 为粗砾砂：浅黄色，稍密—中密，主要矿物为石英、长石，分选及磨圆一般，砂层自上而下粒径逐渐增大，含少量砾石。

　　埋深 9.1~12.2m 为白垩纪地层，共分为两层。① 埋深 9.1~10.2m 为全风化砂岩：呈红褐色，原岩结构不可辨，岩石呈砂土状。② 埋深 10.2~12.2m 为强风化砂

地质时代	层号	层底标高/m	层底深度/m	分层厚度/m	柱状图	岩　性　描　述
第四纪	1	77.50	1.50	1.50		粉质黏土：灰褐色，可塑，稍有光泽，韧性及干强度中等，摇振反应无
	2	74.50	4.50	3.00		黏土：黄褐色，可塑，稍有光泽，韧性及干强度中等，摇振反应无，局部含少量砂
	3	72.20	6.80	2.30		含砂黏土：灰色，软塑—可塑，稍有光泽，韧性及干强度中等，摇振反应无，含少量中粗砂
	4	69.90	9.10	2.30		粗砾砂：浅黄色，稍密—中密，主要矿物成分为石英、长石，分选及磨圆一般，向下粒径逐渐增大，含少量砾石
白垩纪	6	68.80	10.20	1.10		全风化砂岩：红褐色，原岩结构不可辨，岩石呈砂土状，干钻可进尺
	7	66.80	12.20	2.00		强风化砂岩：红褐色，中粗粒结构，块状构造，岩心呈碎块状，岩石为极软岩，岩心较破碎，岩体基本质量等级为Ⅴ级

图 2-10　船流街北 ZK2 钻孔柱状图

岩：红褐色，中粗粒结构，块状构造，岩心呈碎块状，岩石为极软岩。

（二）现代河床中部钻孔分析

根据船流街—解家庄物探的结果，选取沂河河床中古河槽及阶地钻取三个钻孔（ZK3、ZK4、ZK5）并对三个典型钻孔的分层沉积特征进行分析。

1. ZK3孔分层特征分析（图2-11）

该钻孔深度为12.8m，共分为三层。① 埋深0.0～1.2m为第四纪砂层，主要为粗砂：浅黄色，稍密—中密，主要矿物为石英、长石，分选及磨圆一般，砂层自上而下粒径逐渐增大，含少量砾石。② 埋深1.2～11.2m为第四纪砂层，主要为粗砾砂：浅黄色，稍密—中密，主要矿物为石英、长石，分选及磨圆一般，砂层自上而下粒径逐渐增大，含砾约25%。③ 埋深11.2～12.8m为白垩系地层，岩性为全风化砂岩：呈红褐色，原岩结构不可辨，岩石呈砂土状。

地质时代	层号	层底标高/m	层底深度/m	分层厚度/m	柱状图 1:100	岩性描述
第四纪	1	72.80	1.20	1.20	c	粗砂：浅黄色，稍密—中密，主要矿物成分为石英、长石，分选及磨圆一般，向下粒径逐渐增大，含少量砾石
	2	62.80	11.20	10.00	c1	粗砾砂：浅黄色，稍密—中密，主要矿物成分为石英、长石，分选及磨圆一般，向下粒径逐渐增大，含约25%砾石
白垩纪	3	61.20	12.80	1.60		全风化砂岩：红褐色，原岩结构不可辨，岩石呈砂土状，干钻可进尺

图2-11　ZK3钻孔柱状图

2. ZK4 孔分层特征分析（图 2-12）

该钻孔深度为 11.8m，共分为两层。① 埋深 0.0～8.3m 见第四纪砂层，主要成分为粗砾砂，浅黄色，稍密—中密，主要矿物为石英、长石，分选及磨圆一般，砂层自上而下粒径逐渐增大，含砾约 25%。② 埋深 8.3～11.8m 为白垩纪地层，岩性为全风化砂岩：呈红褐色，原岩结构不可辨，岩石呈砂土状。

地质时代	层号	层底标高/m	层底深度/m	分层厚度/m	柱状图	岩 性 描 述
第四纪					c1	粗砾砂：浅黄色，稍密—中密，主要矿物成分为石英、长石，分选及磨圆一般，向下粒径逐渐增大，含约25%砾石
	2	64.70	8.30	8.30		
白垩纪						全风化砂岩：红褐色，原岩结构不可辨，岩石呈砂土状，干钻可进尺
	3	61.20	11.80	3.50		

图 2-12　ZK4 钻孔柱状图

3. ZK5 孔分层特征分析（图 2-13）

该钻孔深度为 4.5m。共分为四层。① 埋深 0.0～1.5m 为第四系砂层，主要成分为粗砾砂：浅黄色，稍密—中密，主要矿物为石英、长石，分选及磨圆一般，砂层自上而下粒径逐渐增大，含砾约 25%。② 埋深 1.5～2.1m 为粉质黏土：灰褐色，可塑，稍有光泽，韧性及干强度中等，摇振反应无。③ 埋深 2.1～3.1m 为第四系砂层，主要为粗砂：浅黄色，中密，主要矿物为石英、长石，分选及磨圆一般。④ 埋深 3.1～4.5m 为白垩纪地层，岩性为全风化砂岩：呈红褐色，原岩结构不可辨，岩石呈砂土状。

地质时代	层号	层底标高/m	层底深度/m	分层厚度/m	柱状图 1∶50	岩性描述
第四纪	1	71.50	1.50	1.50	c1	粗砾砂：浅黄色，稍密—中密，主要矿物成分为石英、长石，分选及磨圆一般，向下粒径逐渐增大，含约25%砾石
第四纪	2	70.90	2.10	0.60		粉质黏土：灰褐色，可塑，稍有光泽，韧性及干强度中等，摇振反应无
第四纪	3	69.90	3.10	1.00	c	粗砂：浅黄色，中密，主要矿物成分为石英、长石，分选及磨圆一般
白垩纪	4	68.50	4.50	1.40		全风化砂岩：红褐色，原岩结构不可辨，岩石呈砂土状，干钻可进尺

图 2-13　ZK5 钻孔柱状图

四、物探结果与钻探结果的验证

在船流街—解家庄断面电测法物探测量的结果及沂河现在河床上三个钻孔的钻探结果可用以验证物探测量结果的精度。现在河床中部 ZK3 孔处物探测得基岩埋深 10.7m，钻探到达基岩深度 8.3m；ZK4 孔处物探测得基岩埋深 13.7m，钻探到达基岩深度 11.2m；ZK5 孔处物探测得基岩埋深 3.2m，钻探到达基岩深度 3.1m。经钻探验证，物探在该剖面地层测深中平均误差率约为 14.1%。

第三章　沂河埋藏古河道演变

第一节　古河道研究进展

一、国外古河道研究进展

晚第四纪以来的河流下游河道演变及沉积问题，一直是国内外研究的热点领域。20世纪30年代开始，国外对古河道就进行了研究。虽然他们不叫古河道，叫古流、古水系、古水文网等，但都与古河道方面的内容有关。

1. 美洲

20世纪三四十年代 Fisk 等以16,000余个钻孔资料对密西西比河河口晚第四纪沉积和地层作了详细的研究，区分出下切河谷和古河间地，并对沉积特征进行了分析（Russell，1971；Fisk and Mcfarland，1955；Coleman and Gaglino，1964；Dalrymple et al.，1992；Schumm，1977，1993）。之后三角洲沉积层序成为研究的重点（Sheperd，1956；Scruton，1960；Fisk，1961；Allen，1965；Fisher et al.，1969；Morgan and Shaver，1970；Coleman and Wright，1975）。20世纪八九十年代以来，研究的重点转向以层序地层学的观点分析河口地层（Nummedal and Swift，1987；Suter et al.，1987；Posamentier and Vail，1988；Penland et al.，1988；Allen，1991；Allen and Posamentier，1993；Nichols et al.，1991；Nichol，1991；Nichol et al.，1996；Dalrymple et al.，1990，1991，1992，1994；Zaitlin et al.，1994；Thomas and Anderson，1994；Roy，1994；Roy et al.，1995；Roy and Boyd，1996；James，1996；Harry and James，1996；Lawson and Brien，1996；Gail et al.，1999；Andrew and Stephen，2002；Tammy et al.，2003；Rsymnf et al.，2003；Wallerstein and Thorne，2004；Scott，1997；Scott and Robert，2001，2004）。Thomas 和 Richard（2003）对佛罗里达坦帕湾晚第四纪以来的沉积环境、古河谷沉积层序、海陆相互作用等进行了研究。Nordfjord 等（2005，2006）对美国新泽西外陆架上的古河槽进行了研究。Schumm 研究了美国、澳大利亚等国的大量河流及其古河道，他依据河床砂中隐含的各种粒度参数和河道的几何特征，得出了许多有关古河道各要素之间的新概念。例如，河流流量与河道的宽、深及河曲波长成正比，与坡度成正比；推移质含量与河道宽、河曲波长、坡度成正比，与河道深及曲率成反比等。他根据河床与河漫滩砂体中的粉砂-黏土（粒径小于0.074mm）百分含量，建立了河道宽深比和河流曲率公式。把河道宽深比、河道宽、河床坡降、河谷坡降、河曲波长、河深、曲率、年均流量、平均洪水流量等，做了多元回归分析，导出了一些列复

原古河道的经验公式（Schumm，1972），他的公式已经被许多人采纳。此外，Simms 等（2009）还对有"加拿大第一大岛"之称的巴芬岛进行了下切河谷方面的探讨，Giagante 等（2011）则使用高分辨率地震方法对阿根廷布兰卡港口的晚第四纪古河道特征进行了详细分析。

2. 欧洲

20 世纪 50 年代，苏联沉积学家鲁欣（1963）对古河道的特征及研究方法就做过阐述，他认为，埋藏河道有两种情况：一种是沉积区中谷地不明显的多河床河流，其切割与沉积物充填为同一年代；另一种是已变成冲蚀区的边缘部分，为单床河流，其切割的下伏岩层的年代与该河沉积物的年代相差很大。古河床堆积的特点是：山区多为砾石，分选不好；平原多为砂，有典型的斜层理，动物化石少。河床砾石浑圆，中夹砂粒，有定向排列；河漫滩多是较细的粉砂-黏土沉积，水平或波状薄层理，覆盖在河床砂透镜体之上。英国学者 Robinson（1984）在泰晤士河上游盆地发现河流砾石层，其中有埋藏着的房屋瓦砾、道路等遗迹，认为是一次全新世时期古洪水造成的。Burrin（1985）对英国东部乌兹河滩地的全新世沉积构造进行了研究，得出了北方期是冲积层活跃堆积的时期，大西洋期是侵蚀的时期；亚北方期的初期以堆积为主，中期以侵蚀为主，后期又以堆积为主；亚大西洋期的初期以侵蚀为主，2000 年后则以堆积为主。Kalickl（1987）详细地研究了克拉科-新湖塔维斯瓦河泛滥平原的地貌形态，并根据许多钻孔资料描述了沉积物的特征，认为该沉积物是在全新世时期大流量下形成的，是末次冰期时古河道内加积和再沉积的产物。荷兰的 Utrecht University Rhine-Meuse Delta studies 研究组建立了记录着莱茵河-默兹河三角洲演变信息的由二十多万个钻孔点为主体组成的钻孔点数据库（Henk and Esther，2000）。Milan Beres 等（1999）用空间模拟方法探讨了莱茵河古河谷冰期的建造特征。Van Straaten（1959）也在大量钻孔资料的基础上提出了欧洲罗讷河三角洲沉积体系形成的构架。Allen 和 Posamentier（1993）对法国 Gironde 河口末次冰期以来的历史提出了层序地层学的模式，辨识出层序界面、海侵面、最大海泛面，划分出低水位体系域、海侵体系域和高水位体系域。Dabrio 等（1999）对西班牙南部 Cadiz 河的下切古河谷进行了研究，Vis 等（2008；Vis and Kasse，2009）利用钻孔剖面对葡萄牙的 Tagus 谷地下游晚第四纪河谷的充填进行了研究。Shukla 等（2009）等定性定量分析了西瓦里克河谷的古河槽类型，并用经验公式复原了古河槽的形态。Talling 等（Talling，1998；Blum and Aslan，2006；Sakai et al.，2006；Mattheus et al.，2007）还从海平面变化、地壳运动等方面着重探讨了古河槽形成的原因。

3. 其他地区

Oomkens（1974）在大量钻孔基础上，把尼罗河三角洲沉积体系划分为冰后期海面回升初期的河谷充填组合、回升后期的上超组合和海面上升减慢时的下超组合。Green（2009）通过高分辨率的物探分析，对南非东海岸晚白垩世至末次冰期最盛期的下切古河槽的形态与位置进行了恢复。Lang 等（1995）对贝宁湾的古河谷地层层序进行了系统研究。此外，掩埋在撒哈拉沙漠下的古河道也在图像雷达技术下被美国研究者们所发现，该古河道埋深在 5m 之下，谷宽 25~30km，比现在的尼罗河流域整整大 25 倍（新华社，1982）。

Kemp 和 Spooner（2007）对位于澳大利亚东南部的拉克兰河的晚更新世古河道进行了研究，研究发现该古河道形成于 34ka BP，还揭示了该古河道过去的满槽流量是现在流量的 6~8 倍。此外，Kemp 和 Rhodes（2010）还根据对澳大利亚南部内陆河流古河槽和阶地的研究，估算了这些河流的古流速和古流量。

Thi 等（2001，2002）对湄公河三角洲地区古河谷的地层层序等进行了初步研究。

二、国内古河道研究进展

从 20 世纪 30 年代开始，我国就开始有人研究古河道，但主要是在研究山区水系变迁与河流袭夺中涉及古河道，并且多偏重于动态规律的研究。20 世纪 60 年代以来，则以研究古河道的静态信息为主。对河流埋藏古河道的研究，主要集中在我国东部平原地区。

(一) 长江中下游

长江三角洲是世界上最早引起学术界注意的三角洲之一，早在 1877 年 Mosseman 就专题研究过长江三角洲，丁文江（Ting，1919）则率先探讨过长江三角洲的成因。然而长江三角洲的地层研究，随着上海供水和城市建设进行钻探方才开展起来，成果在 20 世纪 20 年代相继发表。虽然当时只靠肉眼观察而缺乏分析手段，但还是基本正确地发现海相层限于-150m 以上（Chatley，1926），而且把三角洲地层的形成与沉降的共同作用及与此相关的海侵联系起来（Cressey，1928）。20 世纪 50 年代末到 60 年代初，针对浅层天然气勘探和地面沉降控制等问题，开展了大量钻井和井下地质工作，开始了长江三角洲地层的系统研究，进行了岩石矿物学、微体古生物学、孢粉学等分析。但发表成果主要是地貌资料方面的（陈吉余等，1959），地层分析的报道比较零散（宋之琛和王开发，1961）。20 世纪 70 年代以后，对长江三角洲晚第四纪地层正式开展了专题研究，陆上和水下三角洲的钻探提供了丰富的资料，取得了大量的研究成果。晚第四纪以来的沉积层序、沉积相研究（李从先等，1979a，1979b，1996，1999，2000；李从先和张桂甲，1996a，b，c；李从先和汪品先，1998；郭蓄民等，1979；张家强等，1998；陈庆强和李从先，1998a，b；陈报章等，1995；Chen and Chen，1997；Chen et al.，2000；赵怡文和陈中原，2003；Yang，1998，1999；Kazuaki et al.，2001；Li et al.，2002，2003；Zhang et al.，2014，2018），把三角洲地区古河谷的地层划分为河床相、河漫滩相、河口湾-浅海相、三角洲相；全新世长江三角洲的发育研究（同济大学海洋地质系三角洲科研组，1978；许世远等，1987a，b，c；王靖泰等，1981；陈吉余等，1988）把长江三角洲概括为红桥、黄桥、金沙、海门、崇明和长兴六期亚三角洲沉积体系；三角洲地层的孢粉研究（刘金陵和叶萍宜，1977；刘金陵和 Chang，1996；王开发，1983；覃军干等，2002；Sangheon et al.，2003；Sangheon and Yoshiki，

2004）和微体古生物分析（闵秋宝和汪品先，1979；朱晓东，1990；刘宝柱等，1995；Liu et al.，2001），三角洲硬黏土层（陈庆强和李从先，1998a；邓兵等，2003，2004）及环境演变的研究（杨达源等，2002；张强等，2004；朱诚等，2003），为恢复古环境、研究地层提供了丰富的材料。三角洲地层中某一专题的研究成果（王开发等，1984a，b；刘苍字等，1985）以及陆上三角洲某一钻孔的系统分析或水下三角洲某些钻孔的分析结果（秦蕴珊等，1983，1987；赵松龄，1984，1986；黄庆福等，1984；唐保根和昝一平，1986）不断发表，大大提高了对晚第四纪长江古河谷地层的认识。现在，在研究内容和方法上不断革新，定量研究也越来越多（范代读等，2001；李保华等，2002；Liu et al.，2001）。

另外，李从先等（1993）、张桂甲和李从先（1995，1996，1997，1998）及林春明等（1997，1999，2005；林春明，1996）通过钻孔资料分析，认为末次冰期最盛期以来，长江三角洲南部的钱塘江河口湾地区在海陆相互作用下，产生了下切河谷形成—古河谷楔形体充填—海泛沉积—河口湾充填的沉积旋回，并把地层划分为河床滞留沉积物到部分曲流河沉积体系的边滩沉积、河漫滩-河口湾沉积、河口湾浅海沉积和河口湾砂坝沉积四个沉积相类型。

末次冰期最盛期以来的海面升降运动是长江下游古河道形成与充填、河道演变的主要控制因素之一。末次冰期最低海面时，海面下降的幅度估算为130m左右，长江约在现在-150～-160m处注入大陆坡，东海大陆架约有500～600km露出水面（中国科学院地理研究所等，1985；杨怀仁等，1995；严镜海，1987；Wang and Sun，1994）。由于基准面降低，导致长江下游河床发生强烈的溯源侵蚀，形成末次冰期最盛期时的长江古深槽。受末次冰期最盛期低海面的影响，长江已溯源侵蚀到下荆江河段，距今海岸的直线距离1000km以上，下游的切割深度达80～90m（严镜海，1987；杨怀仁等，1995）。镇江以上，长江古河道流经丘陵岗地区，谷底和地面相对高差大，古河槽狭窄而陡峭，纵剖面比降较大，起伏也较大，多切割到基岩；镇江以下长江古河道流经老三角洲平原和陆架平原区，相对高差较小，古河谷相对较宽浅，且有分汊，纵剖面比降变小，从切割到基岩逐渐转为嵌在中更新世以至晚更新世沉积层之上。镇江河段古深槽大体位于仪征南-施桥-江都大桥镇-口岸一线，切割深度80～90m（杨怀仁等，1995）。在江都-红桥以西，古深槽切割到基岩，在该线以东，受北西向断裂影响，基岩面有较大下跌，古河槽切入较老沉积层。古河谷中明显地存在着一级埋藏的侵蚀阶地，阶地面高度为-60m左右。江阴河段古河槽分为南北两支，北支大体沿泰兴-黄桥-如皋磨头-白蒲一线。古河槽在黄桥埋深62m。南支为一向南凸出的弯道，古深槽贴南岸，较狭深，切割深度约80m，下伏中更新统湖相蓝灰色、棕黄色硬塑黏土、亚黏土夹碎石层。古河谷中分布着两级埋藏阶地，高程分别为-22～-18m和-44～-40m，-22～-18m一级阶地分布范围较广，阶地面由晚更新世亚黏土组成。-44～-40m一级沿古河槽北侧分布，阶地面由河漫滩相亚黏土组成，下伏晚更新世河床相砂砾层。南通河段古深槽位于如皋白蒲-南通西亭-油榨-海门一线，呈北西-南东方向然后向东流出。在西亭镇，切割深度为70m，至海门达80m左右。古深槽深切在玉木亚间冰期海侵河床相砂层之上，古河谷中发育三级埋藏阶地，高度分别为-20m左右，-50～-45m

和-60～-55m，其中-20m左右一级仅分布于现长江三角洲南翼，-50～-45m一级埋藏阶地在南通地区广泛分布，受末次冰期海退古长江的侵蚀，玉木亚间冰期沉积物暴露，-60～-55m一级为分布于古谷底两侧的堆积阶地，下伏盛冰期古河槽砂砾石层，这级阶地属末次冰期晚冰期（杨怀仁等，1985）。郭蓄民（1983）研究认为，在今长江河口部位，晚更新世末的深槽槽底标高在-62m以下；杨达源（1989）认为，镇江、南京附近古深槽槽底标高在-55m左右。长江河口已发现两支古深槽，一支在今河道的北侧，大体经南通北部-启东与如东之间向东，槽底标高在-47m以下，启东附近古深槽内充填厚约50m的海侵沉积层。另一支经崇明岛一带向东延伸，钻探剖面中，晚更新世晚期以来的沉积层总厚度达90m左右（杨达源，1986）。

杨怀仁等（1995）对南京段长江古河谷地质剖面进行研究并指出，除了地上的数级阶地外，还有数级埋藏阶地。在南京长江大桥附近地质勘探时发现了四级埋藏阶地，高程分别是-60m、-40m、-20～-15m、-5.5m（顾锡和，1985）；陈希祥（2001）对镇江断面进行了研究，画出了层底标高等值线，对沉积层序进行了研究。李从先等（李从先和张桂甲，1995；李从先和汪品先，1998）根据钻孔资料研究认为，镇江、扬州向东南延伸至海的古河谷中的充填物为河流相、浅海相和三角洲相，沉积时间为冰后期，古河谷当形成于末次冰期低海面时，根据钻孔资料绘制了长江三角洲地区几个断面的纵、横断面图，并做了沉积相的划分及古河谷宽度等方面的研究。曹光杰等（2009，2015；Cao et al.，2010，2016）根据江苏省境内长江上跨江大桥的钻孔资料，绘制了南京长江大桥、三桥、四桥、镇江—扬州长江大桥、扬中—泰州长江大桥、江阴长江大桥、苏通长江大桥等附近长江古河槽地质剖面图，结合南京长江四桥附近、扬中附近采集样品的^{14}C年代、ESR年代，得出南京附近63～-90m深度的古河槽为末次冰期最盛期的长江河槽。长江古河槽在镇扬河段约-77m，扬中段约-65m，江阴段约-78m，南通段约-84～-80m，启东附近约-88～-86m。长江古深槽在镇扬以上，由于切割到基岩，河槽相对较狭深，在南京段形成局部深切，扬中段最浅，扬中以下形成一定的纵比降，古长江宽深比向下游逐渐变大。南京段长江古河槽经历了三次从粗到细的沉积旋回，镇江段由于受河流、潮流、河口、汊道河床等的影响，沉积层序比较复杂。镇江以下段，末次冰期最盛期以来的沉积分为河床层序、河漫滩层序、浅海-河口湾层序、河口坝与汊道河床层序等海侵、海退层序。

（二）华北平原古河道（黄河、海河流域）

华北平原的古河道研究，最早始于1959年，波兰专家安·克列兹柯夫斯基出于寻找地下水的目的，对埋深350m以上的古河道进行了研究，绘制了河北平原上数条放射状分布的地表故道和西南-东北方向平行带状延伸的埋藏古河道带。20世纪60年代以来，河北省科学院地理科学研究所吴忱等一直都在研究河北平原的古河道，先后对滹沱河、唐河、永定河冲积扇上的古河道进行了考察，复原了深县南部、衡水北部古河道，对河北平原的古河道进行了一系列研究（吴忱和王子惠，1982；吴忱，1984；吴忱等，1986），编制了地面古河道图。经过唐山地震调查考察了唐山地区古河道，编制了唐山地震区古河道分布图（吴忱，1980）。吴忱等（1991a，b，c）、吴忱和赵明轩

（1993）在华北平原渤海湾西岸发现黄河孟村古三角洲，对古河道带粒度特征进行分析计算，并确认其为主流亚相、边滩亚相、自然堤亚相、决口扇亚相等河流沉积亚相，模拟绘制了纵贯华北平原中部，从河北省大名县向北经清河、景县至青县的古黄河水系。此后秦磊等（2008）将黄河浅埋古河道带继续向北延伸三十多千米，至天津市静海区境内。在古河道的理论研究上，吴忱等将华北平原古河道与中国东部乃至全球洪–冲积平原和浅海大陆架古河道进行对比，发现均有末次冰期最盛期—早全新世埋藏古河道，并论述了古河流与古河道形成的关系（Wu et al., 1996a, 1996b; Xu and Wu, 1996b），复原华北平原古河道不同发育阶段古环境及地貌演变（吴忱等，1993；吴忱，2008；Xu and Wu, 1996a; Xu et al., 1996），并将前人用文献记载复原的黄河历史上五大变迁的流路，用古河道加以印证、修订。另外，吕金波（2000）、彭晓梅（2003）、岳升阳和苗水（2008）对永定河古水系开展研究，对古漯河、古浑河、古无定河、古长河和唐代蓟城城南古河道等进行复原。杨国顺（1991）对东汉黄河下游河道进行研究，复原了两岸的古人工堤。

1973年，山东省地震局对鲁北平原浅埋古河道带进行了研究，编制了《鲁北平原浅层淡水含水层分布图》。张祖陆（1990）等研究发现，鲁北平原黄河古河道可分为三条古河道带，下部古河道大约形成于晚更新世晚期—全新世早期，中部古河道形成于全新世早–中期，上部古河道形成于全新世中–晚期。韩美等（1999）依据2,100余个钻孔资料，结合大比例尺地形图、航片、卫片判读分析，以及野外实地考察和沉积物样品的粒度分析、岩相分析、^{14}C测年，对古河道的各种特征进行了研究。该地区自地表至埋深60m有四期古河道发育，由地面古河道和浅部埋藏古河道带组成。在垂向上，早期沉积以中、细砂为主，粒度变化比较大，为玉木早冰期和主冰期古河道，晚期沉积物以粉砂为主，为早–中全新世和历史时期古河道；在横向上，潍河以东古河道砂层厚30~50m，连续性好，潍河以西古河道砂层厚度小于20m，连续性较差（李道高等，1999；孟庆海等，1999；聂晓红等，2001）。其形成与发育是新构造运动和古气候环境演变的结果（李道高等，2000）。通过野外实地调查和水化学监测，可将莱州湾南岸平原浅埋古河道带及冲洪积扇浅层地下水水化学环境分为三大区域，即北部的全咸水区、中部的咸淡水过渡区和南部的全淡水区（赵明华等，2000）。

（三）珠江流域

在珠江流域，珠江三角洲成为众多学者们的研究重点。自20世纪70年代以来，许多研究者从不同的角度探讨过晚更新世以来的珠江三角洲沉积及演化问题。珠江三角洲地区河网稠密，沉积厚度变化大，沉积相类型多，沉积历史曲折，三角洲几何形态与众不同，几个三角洲并连在一起形成复成三角洲，在空间上是新老两期三角洲的叠覆（赵焕庭，1982）。珠江三角洲是晚更新世以来的沉积，黄镇国等（1995a）研究认为它经历了三个沉积旋回，六个沉积发育阶段。蓝先洪（1996）根据钻孔资料和沉积资料分析得出珠江三角洲有两个陆相–海陆过渡相的沉积旋回，在两个沉积旋回之间包含了一个海退过程，由晚更新世和全新世两套海进河床充填层序和海退进积层序构成。陈国能等（1994）将珠江三角洲晚更新世以来的演化分为前三角洲（40.0~32.5ka BP）、老三角洲（32.5～7.5ka BP）和新三角洲（7.5ka BP 至今）三个阶段，在前三角洲阶段，珠江三角洲为内陆环境，五条大河在中山三角一带汇合，向南东入海。磨刀门西江水道形成于第二阶段，狮子洋、珠江和银洲湖等水道则是全新世发展起来的。三角洲发生了两次海侵，形成了新老两套三角洲沉积。另外，陈双喜等（2014，2016）根据钻孔样品分析了珠江三角洲的沉积年代及沉积相，蓝先洪等（1988）分析了珠江三角洲沉积物的地球化学特征及古地理意义，殷鉴等（2016）分析了珠江三角洲晚更新世以来有孔虫记录的古环境演化，黄镇国等（1995a，b）研究了末次冰期最盛期低海面及珠江水下三角洲，尹同梅等（2004）研究了新构造运动对古河道的影响等。

（四）东北地区

松嫩平原西部的大安古河道是该地区已识别出的 24 条古河道中较大的一条（孙广友等，1993）。自 1989 年开始，中国科学院东北地理与农业生态研究所开展了"应用遥感技术调查吉林西部古河道及农业开发对策研究"，确定大安古河道长约 240km，宽 4～5km，底板埋深约 5～6m，其形成时代始于 25ka BP，结束于晚全新世初期，经历了末次冰期第一副间冰期（40～20ka BP）的草原景观、盛冰期（20～12ka BP）的半荒漠景观及冰后期（12ka BP）的半干旱草原景观。古河道中的沉积物主要为粒径 0.063～0.250mm 的细砂，自下而上砂粒含量自 36% 上升到 70% 又降至 50% 左右，表明了水动力条件由弱而强再弱的一个反旋回和一个正旋回的沉积层序，属于浅部埋藏与地面出露的复合型古河道。地面古河道的坡降与现代嫩江一致，构成了嫩江的低河漫滩，两侧则为第一级阶地。得出了"地壳大面积缓慢下沉下古河道发育的广域性、多期性、结构完整性和沿主控断裂带的群聚性"的结论（马建平，1994；马建平等，2007；孙广友，2007），并对古河道区湖泊湿地的生态环境、土地潜力和生态工程地质地貌环境进行了评价（罗新正和刘宁豫，1997；罗新正等，2003b；王权和孙广友，1999），研究了大安古河道草地生物多样性、渔业和植物资源的调查与开发利用，对古河道的湿地进行了恢复与重建（罗新正等，2003a；杨富亿，1998；易富科，1996；易晓煜和易富科，2000）。开展了"大安古河道农业开发万亩试验"项目，建立了亚洲最大的古河道盐碱地开发万亩试验区（罗金明等，2008；罗新正等，2000；罗新正和孙广友，2007），构建了大安古河道农业系统动力学模型，创造了古河道碱性浅湖高效水田，并基于不同盐碱土类型采取多种开发利用模式（李秀军和孙广友，2002；李秀军，2006）。

（五）浅海古河道

我国拥有南海、东海、黄海和渤海等广大海域。海底遗留有众多的条带状洼地。对于这些洼地的成因，20 世纪末期以前，有学者认为是海水形成的潮流通道，有学者认为是末次冰期最盛期古河道。经过近 20 年的深入研究和钻探，新的资料和研究成果不断问世，现在，学者们多数认为是末次冰期最盛期古河道。

1. 南海海底古河道

南海是海底古河道研究成果最多的区域之一。从南海北部陆架、南部陆架、珠江口陆架、海南岛东部外陆架到珠江口、广西钦州湾等地均有研究成果发表。研究表明这些古河道均形成于晚更新世晚期末次冰期最盛期至早全新世的低海平面时期，其形成时代、组成物质、形态特征，与上下层位的接触关系等，几乎完全可以对比（鲍才旺，1995；寇养琦和杜德莉，1994；马胜中等，2009；唐诚等，2007；肖尚斌等，2006）。珠江口陆架区河道下切形成大小各异的埋藏古河道，构成纵横交错的网状水系，海南岛东部陆架水深100～150m处，存在一个大面积的水下埋藏古三角洲（鲍才旺，1995；范奉鑫等，1999；寇养琦和杜德莉，1994）。汕头市南部近海埋藏有古河曲，曲率半径为6～7km，并发育有主河道和主、支汊道。主河道宽2～3km，最深约25m，汊道宽200～1,500m，深4～5m，古河曲形成在14.0ka BP之后。随着晚第四纪末次海面上升，约12.3～11.0ka BP古河曲的远岸被淤平而消失，随后古河曲的近岸部分被韩江现代水下三角洲掩埋（刘阿成等，2005）。在广西钦州湾海底埋深6m处，古河道呈北东–南西向，谷型不对称，主河道宽2～9km。其河岸两侧的强反射界面，将古河道内外的上、下沉积层分开，构成明显的侵蚀不整合或假整合接触，为本区最晚的侵蚀面。据^{14}C年龄资料，该侵蚀面及以上的粗粒沉积物是全新世冰后期海侵以来逐渐堆积而成，为全新世浅海相沉积（马胜中等，2009）。南海北部大陆架的大河河口外常有沉溺的古河谷存在，如珠江口外。水深小于40m处，古河谷往往为现代水下三角洲沉积物覆盖；大于40m处，古河谷才出露海底，其形态随水深增加而逐渐明显。南部大陆架的湄公河出口处，有一条海底河谷，向海延伸约300km收敛于巽他盆地，最后聚集到南海海盆（王颖，1996）。

2. 东海海底古河道

东海陆架平原及其所辖的长江口外陆架、杭州湾和舟山群岛海底都有古河道分布，是海底古河道研究中最深入的地区。王颖（1996）提出，东海陆架平原上有两条古河谷：一条从长江口水下三角洲向外延伸，在马鞍列岛与嵊泗列岛之间为一深谷，到浪岗山列岛一带逐渐向东南扩展，谷形宽浅，至水深100m附近稍转向东，至大陆架前缘以急坡峡谷形式进入冲绳海槽，是海平面上升而淹没的长江古河道；另一条大约在31°15′N，124°E处，沿地形低洼处向东南至33°30′N，127°45′E处，洼地内有分选极好的厚层砂，夹薄层粉砂、黏土，有的地方还夹有小砾石，具有植物碎屑富集层和牡蛎层，富含片状矿物等河流相特征，推测为一古河道。刘振夏和Berne（2000）研究认为，在东海陆架平原，晚更新世以来较大的古河道多发育在末次冰期中的亚间冰期。李广雪等（2005）结合前人研究成果，利用GIS技术，通过空间联系，认为长江口外有6条大型古河道系统，是末次冰期长江在东海陆架平原上的主要流路，古河道分布与现在海底带状高地的地形有较好的对应关系。长江口外的广大海域分布着大量埋藏古河道。依据区域浅层地质及地震相特征，可把研究区埋藏古河道断面划分为对称、不对称和复式三种类型，河道内充填的沉积物复杂多样，古河道主要存在于晚更新世晚期沉积层中。60个古河道断面串联成长180km的古长江水系以及长64km的古舟山河、长近100km的古钱塘江两条支流水系，按比降–河宽法判别，当时古长江河道为辫状分汊河型（刘奎等，2009a，2009b）。应用高分辨率地球物理方法，揭示出舟山群岛和长江口邻近海域分布有大量埋藏古河道，对埋藏古河道断面特征参数进行统计分析，利用河流计算公式得出，晚更新世末次冰期最盛期和冰消期，古河道的宽深比（F）为22.22、悬移质含量（M）为10.1%、河道弯曲率（P）为1.52、河曲波长（L）为1,647.0m，为辫状型河道（刘奎等，2010）。

杨桂甲和李从先（1995）根据沉积作用和沉积相组合，将钱塘江河口湾的形成和发育分为四个阶段：末次冰期（20.0～15.0ka BP）形成下切河谷；冰后期早期海侵（15.0～7.5ka BP）充填河口湾；最大海侵（7.5～6.0ka BP）形成海湾；海面相对稳定期（6.0ka BP至今）河口湾发育。其间形成了一套完整的海退–海侵沉积旋回。下切河谷底部厚度异常的河床相砂砾石层从形成阶段上看，可以分为两个阶段，早期是河流下切的滞留沉积，晚期是基面抬升的河流加积。

林春明等（2005）研究提出，末次冰期以来，随着海平面变化，杭州湾地区下切河谷演化经历了深切、快速充填和埋藏三个阶段。末次冰盛期，海平面下降的幅度大，增加了河流梯度、加强了下切作用，形成了钱塘江和太湖下切河谷，随后在冰后期被充填和埋藏，下切河谷的两侧为暴露地表的古河间地。根据岩石学、沉积结构和沉积构造特征，本区下切河谷充填沉积物具有向上变细的沉积层序，可以划分出四个沉积亚相：河床滞留沉积亚相、部分曲流河沉积体系的边滩沉积亚相、河漫滩–河口湾沉积亚相、河口湾沉积亚相。

3. 黄、渤海海底古河道研究

黄、渤海古河道研究成果是海底古河道研究成果中最早报导的。早在20世纪60年代就有学者论述了辽东湾古河道（郑永良和林美华，1964）。如今不但该古河道已被越来越多的资料证实，而且又在其他地区发现了更多的古河道。辽东湾内有数条水下河谷。其中以大凌河–辽河口外的水下河谷最为明显，长可达100km以上，两条河谷共宽16～18km，谷形明显。在滦河口三角洲外有长约112km的古河道。在渤海湾的海河口、蓟运河口外，也有较小的海底古河道残留（王颖，1996）。

晚更新世以来，我国北方陆架海区受冰川气候变化的影响，曾经发生过多次沧桑变化及陆海变迁。黄海、渤海陆架区在冰期多次裸露成陆。当时陆架区发育的河流受后期海平面上升的影响而淹没在海底，进而埋藏于不同厚度的海相沉积物之下，成为陆架区的埋藏古河道（韩桂荣等，1998）。

南黄海海底存在许多埋藏古河道、古湖泊、古三角洲，组成一个完整的水系。其中，北部的古河道为古黄河水系，南部的为古长江水系，二者有可能在25～9ka BP的低海面时期一度汇合于南黄海中部。成山角东部的下部地层中发现了更老的古河道——中更新世古黄河河床。在南黄海中部80m水深处发现了低海面时期的古黄河、古长江三角洲，该处为约25ka BP的古海岸线（李凡等，1991）。应用高分辨浅层地球物理测量方法，在黄海海底发现了一百多处埋藏古河道断面。断面的许多特征说明，它们是晚更新世末期的黄河埋藏古河道带，在黄海海底呈北北西–南南东走向分布。上游承接由渤海海峡方向流来的古黄河水系，穿过北黄海，经南黄海中部向济州岛南部流去（李凡等，1998b）。在南黄海中部深水区测量，发现大面积埋藏三角洲地层。经过岩心沉积成分分析、有孔虫组合分析、^{14}C 年龄测定，证明是晚更新世晚期海退时期的古黄河三角洲沉积。结合华北平原与陆架区埋藏古河道的研究证明，晚更新世晚期低海面时期已经形成了黄河，并且流进了渤、黄海陆架海区（李凡等，1998a）。王明田等（2000）以大量钻孔资料总结出辽东湾中、北部全新世 8.5ka BP 以来沉积了第一海相层，与下伏盛冰期的陆相层之间构成不整合界面（R1）。界面以下的 B 层中发育大量埋藏古河道，古河道北东向展布，宽 20～800m，埋深 2～13m，按其埋深位置可分为四种古河道，按其充填方式又可分成五种古河道。

陈正新等（2009）通过 1,561km 的高分辨率浅地层测量剖面解译，证明青岛近海研究区存在多期发育的古河道，虽然保存较完整的地层不多，但大部分河流亚相地层被保存。测年资料表明，这些河流多形成在 37～11ka BP 之间，河流床底最大埋深（海底起算）约 32m，一般在 20～28m，最大单个河面宽约 1,500m。根据现在所见河道的轮廓形态，可分为六种类型：发育有滩心洲的河道、平底河道、不对称河道、连续多期发育的河道、窄陡型河道和对称型河道。

晚更新世南黄海古三角洲可分为四个较大的期次。根据沉积物特征分析判断，四期古三角洲均为古长江形成。各期三角洲相互叠置，范围、厚度及扩建方向均有不同（陶倩倩等，2009）。23ka BP 之后海水退出渤海，全新世侵前的盛冰期和冰消期渤海湾长期裸露成陆，北部以河湖沉积为主。海底形成一个流向呈南西-北东的古河道系统，河宽大，汊道频，流量较大（胡广元，2010）。南黄海弶港岸外发育着中国海域最大、最典型的潮流沙脊，但在全新世高海平面之前它也是古河道沙地。对南黄海辐射沙洲中心沿岸地区两个钻孔采用高密度、定量采样方法进行了有孔虫和沉积学分析。结果表明，该地区晚更新世晚期可能发育了古长江河道、河口、河流边滩或河漫滩以及泛滥平原乃至泛滥湖沼等陆相沉积环境。进入全新世，则先后依次出现了潮滩、河口、潮滩、潮流沙体和潮滩，及至最终成陆（朱晓东等，1999）。南黄海弶港岸外辐射沙脊的主体是低海面时的陆源沉积物，主要是古长江的细砂质沉积，冰后期海平面上升过程中受潮流与波浪的侵蚀塑造形成。其形态既反映了辐射潮流场的水流分布方式，也反映出原始地貌的承袭特点（王颖，2002）。

李从先等（2008）讨论了中国沿海滦河扇三角洲、长江三角洲、珠江三角洲及钱塘江河口湾四个地区的下切河谷体系。这些丰沙河流形成的河口三角洲的下切河谷为长形或扇形，长数十至数百千米，宽数十千米，深 40～90m。河口三角洲地区的下切河谷相序可分为四种类型，将这四类相序自海向陆排成一个理想序列，显示海的影响逐渐减弱，陆相作用逐渐增强。

第二节　沂河干流古河槽断面特征

根据搜集的沂河上沂水县南大桥、芭山橡胶坝、北社橡胶坝、沂水县南王庄沂河大桥、336 省道沂河大桥、沂南县澳柯玛大道沂河大桥、葛沟橡胶坝、玉平沂河大桥、206 国道沂河大桥、柳航橡胶坝、南京路沂河大桥、解放路沂河大桥、陶然路沂河大桥、沂河路沂河大桥、罗程路沂河大桥的工程地质钻孔资料，在矢量化图上进行配准定位，选出各断面在同一方向上的钻孔并计算钻孔之间的距离。根据钻孔间的距离及钻孔深度，分别确定横比例尺、纵比例尺。用 Mapinfo. 11 软件，绘制各断面的沂河古河槽地质剖面示意图并分析各断面特征。根据物探、钻探结果，绘制洙阳村附近沂河横断面、船流街—解家庄沂河断面古河槽示意图并分析其特征。

一、沂水县沂河南大桥附近断面

沂水县沂河南大桥位于沂水县城西南的后芭山村附近。

（一）沉积层及强风化基岩特征

根据钻孔揭露，该段河床及两岸地层主要为第四系砾砂层和寒武系强风化页岩、泥灰岩、石灰岩及弱风化石灰岩、泥灰岩等。自上而下各层特征如下。

1. 砾砂层

褐黄色，稍密，潮湿—饱和，成分复杂，砂成分主要为长石、石英，级配一般。砾石成分主要为灰岩块、花岗岩块，次棱角状—次圆状，直径大于 20.0mm 的约占 15% ~ 20%，2.0 ~ 20.0mm 的约占 20%，0.5 ~ 2.0mm 的约占 10% ~ 20%，次为中细砂。ZK3 孔砂样分析为圆砾。该层分布广泛，层厚 7.8 ~ 14.7m，层底埋深 7.8 ~ 14.7m，层底高程 114.79 ~ 119.90m。

1-1：亚黏土层。该层在 ZK7、ZK10 ~ ZK13 孔中见到，颜色为棕黄色、黑灰色、黑褐色，可塑，手捻有砂感，易搓成 1 ~ 2mm 的土条，刀切面略光滑。ZK7 孔中黑灰色亚黏土内含有螺壳碎屑，有臭味，染手。该层含水量 32.6%，空隙比 0.953，饱和度 93.0%，塑性指数 14.5。层厚 0.7 ~ 3.2m，层底埋深 10.6 ~ 11.7m，层底高程 117.32 ~ 118.93m。

2. 下伏基岩风化层

主河床底部下伏基岩为页岩，K7、K8 孔之间以东下伏基岩为石灰岩。

（二）典型钻孔分析

图 3-1 是根据沂水县沂河南大桥钻孔资料绘制的沂河古河槽地质剖面示意图，选择现在河床中的 ZK5 孔及河床东侧的 ZK7 孔、ZK13 孔作为典型钻孔进行分析。

1. ZK5 孔分层特征

ZK5 孔口高程 124.95m，孔深 27.80m，在高程 115.45m 处到达基岩，沉积层厚度达到 9.5m。自上而下各层特征如下：124.95 ~ 115.45m 为杂色砾砂-圆砾层，稍微密实，成分杂以石英、长石为主，分选性差，圆砾为灰岩块、砂岩块等，次棱角—次圆状，直径大于 20.0mm 的约占 30% ~ 40%，2.0 ~ 20.0mm 的约占 20%，次为中粗砂；115.45 ~ 110.85m 为蓝灰色强风化页岩，较硬，泥质结构，块状构造，取心为块状、片状，发育层间裂隙，干时易开裂，片手能掰断，片厚2～5cm；110.85m以下为风化灰岩，浅灰色，较硬，隐晶质结构，块状构造，取心为块状、短柱状，裂隙不发育，多为机械断裂。

2. ZK7 孔分层特征

ZK7孔孔口高程129.02m，孔深28.91m，在高程116.92m处到达基岩，沉积层厚度达到12.1m。自上而下各层特征如下：129.02～120.52m为褐黄色砾砂，稍微密实，成分为石英、长石，分选性差，砾石多为灰岩、砂岩块，次圆状，直径大于20.0mm的约占15%，2.0～20.0mm的约占20%，0.5～2.0mm的约占20%，其次为中细砂；120.52～119.82m为黄色亚黏土，可塑，手捻有砂感，刀切面略光滑，易搓成2mm的土条，土质较均匀，含有5%～10%的黏性土；119.82～118.82m为棕黄色粗砂，稍微密实，成分为石英、长石，分选性好，质纯，含10%～15%的黏性土；118.82～117.32m为黑灰色亚黏土，可塑，有嗅味，染手，见大量螺壳碎屑，手捻有砂感，刀切面略微光滑；117.32～116.92m为棕黄色砾砂，稍微密实—中等密实，成分为石英、长石，分选性差，砾石成分为灰岩、砂岩块等，直径大于20.0mm的约占15%～20%，2.0～20.0mm的约占15%，0.5～2.0mm的约占25%，其次为中细砂；116.92～114.42m为强风化页岩，蓝灰色，较硬，泥质结构，块状构造，取心为碎块状、短柱状，发育层间闭合裂隙，干时易开裂，手掰不断，锤击易碎；114.42m以下为泥灰岩、灰岩。

3. ZK13 孔分层特征

ZK13孔孔口高程129.49m，孔深33.60m，在高程114.79m处到达基岩。沉积物厚度约14.7m。自上而下各层特征如下：129.49～121.59m为褐黄色砾砂，稍微密实，成分为石英、长石，分选性差，砾石多为石灰岩块，直径大于20.0mm的约占10%～20%，2.0～20.0mm的约占15%，0.5～2.0mm的约占20%，其次为中细砂；121.59～118.39m为黑褐色亚黏土，可塑，手捻有砂感，刀切面略微光滑，易搓成1～2mm的土条，土质均匀；118.39～114.79m为杂色砾砂，稍微密实，成分为石英、长石，砾石多为石灰岩块，直径大于20.0mm的约占20%，2.0～20.0mm的约占15%，0.5～2.0mm的约占15%～20%，其次为中细砂，基岩接触面处漏水；114.79m以下为风化石灰岩，浅灰色，隐晶质结构，块状构造，取心为块状、短柱状，裂隙不发育，有小溶孔、溶洞。

(三) 古河槽地质剖面分析

钻孔揭示（图3-1），该段沂河第四系沉积物的厚度一般10～14m，沉积物主要为河床相粗砂、砾砂，在ZK7～ZK13孔约118～121m的高程上有砂质黏土层，为河漫滩相沉积。下伏强风化页岩、石灰岩。ZK1～ZK8孔间距540m。ZK4孔到达基岩的高程为117.79m，该高程基岩河槽的宽度约为370m，ZK5孔到达基岩的高程为115.45m，ZK6孔到达基岩的高程为116.14m，两孔之间相距304m，基岩河槽的最深处在ZK5、ZK6孔之间。下游约820m处的芭山橡胶坝附近基岩河槽的最深处为112.9m，据此判断，该处沂河基岩河槽的最深处应在113.5m以下，基岩河槽的深度约为4.3m。下伏

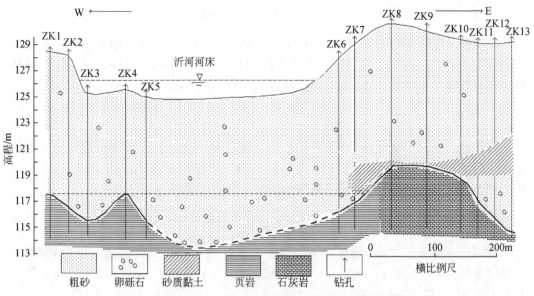

图 3-1 沂水县沂河南大桥附近古河槽地质剖面示意图

基岩河槽的宽深比为 86.2。

二、岜山橡胶坝附近断面

岜山橡胶坝位于沂水县规划南外环桥下 580m 处岜山村西沂河干流上。

(一) 沉积层特征

岜山橡胶坝处沂河河床宽约 220m，河床两侧为第四系冲洪积堆积的壤土、砾质粗砂，主河床及漫滩为砂壤土、中粗砂、壤土、砾质粗砂夹杂有砂砾石，下伏基岩为寒武系石灰岩，现将地层分布及特征简述如下。

1. 中粗砂层

黄褐色，松散—稍密，饱和，含少量砾石，砾石粒径 1.0～3.0cm，其成分以长石、石英为主，砂质较纯。该层主要分布于主河槽两侧，地表顶部，层厚 0.5～2.8m，层底高程 124.68～130.60m。

1-1：砂壤土层。黄褐色，稍湿，含较多中粗砂，仅分布于 ZK2（图 3-2）附近，层厚 1.4m，层底高程 127.22m。

2. 砾质粗砂层

黄褐色，松散—稍密，饱和，含少量砾石，砾石粒径 1.0～3.0cm，其成分以长石、石英为主，砂质较纯，主河床中由于抽砂影响含较多砾石，局部砂砾石成层。该层主要分布于 ZK8 与 ZK10 之间，层厚 2.1～4.0m，层底高程 119.11～126.18m。

3. 壤土层

黄褐色，可塑—硬可塑，含较多中粗砂。该层主要分布于 ZK3 与 ZK8 之间（图 3-2）河床砂层中部，层厚 0.4~2.9m，层底高程 117.21~125.78m。另外，在 ZK1、ZK10 两处也有揭露，层厚 1.2~5.6m，层底高程 123.87~129.40m。

4. 砾质粗砂层

黄褐色，中密，饱和，含较多砾石，砾石粒径 3.0~8.0cm，其成分以长石、石英为主，砂质较纯，局部砂砾石成层。该层主要分布于钻孔 ZK1 与 ZK9 之间（图 3-2）河床底部，层厚 3.1~9.2m，层底高程 113.21~118.17m。

5. 黏土层

黄褐色—棕黄色，湿，硬可塑—硬塑，含铁锰氧化物和风化岩屑，土质较均匀。该层仅在钻孔 ZK1、ZK2、ZK7、ZK8 等孔底部揭露（图 3-2），层厚 0.3~1.2m，层底高程 112.91~117.67m。

6. 石灰岩

灰白色–青灰色，中风化，以白云质灰岩为主，局部为泥灰岩、页岩，含较多方解石脉，岩石节理裂隙较发育。

各沉积层物理力学指标建议值见表 3-1。

表 3-1　各沉积层物理力学指标建议值

层号	岩性	含水率/%	密度/(g/cm³) 湿	干	孔隙比	塑性指数	液性指数	压缩系数/MPa⁻¹	压缩模量/MPa	快剪 黏聚力/kPa	内摩擦角/(°)	渗透系数/(cm/s)	承载力标准值/MPa
1	中粗砂	10	1.72	1.56	0.699			0.16	10.6	0	28	8.50×10⁻³	140
1-1	砂壤土	18.0	1.80	1.52	0.763	5.2	0.51	0.40	4.4	10	18	2.42×10⁻⁴	130
2	砾质粗砂	12	1.80	1.60	0.656			0.16	10.3		30	6.00×10⁻²	180
3	壤土	25.0	1.92	1.53	0.743	13.5	0.35	0.45	4.18	27	12	6.75×10⁻⁵	140
4	砾质粗砂	12	1.85	1.65	0.606			0.12	13.4	0	32	1.0×10⁻¹	220
5	黏土	26.7	1.93	1.57	0.721	18.2	0.26	0.43	5.11	40	10	3.90×10⁻⁵	160

（二）典型钻孔分析

图 3-2 是根据沂水县芭山橡胶坝钻孔资料绘制的沂河古河槽地质剖面示意图，选择现在河床中的 ZK4、ZK8 孔作为典型钻孔进行分析。

1. ZK4 孔沉积层特征

ZK4 孔孔口高程为 129.28m，孔深约 17.3m，在高程 116.58m 处达到基岩，沉积物厚度约 12.7m。129.28 ~ 128.28m 为黄褐色中粗砂，松散—稍微密实，饱和，含少量砾石，砾石粒径 1.0 ~ 3.0cm，其成分以长石、石英为主，砂质较纯；128.28 ~ 125.18m为黄褐色砾质粗砂，松散—稍微密实，饱和，含少量砾石，砾石粒径 1.0 ~ 3.0cm，其成分以长石、石英为主，砂质较纯；125.18 ~ 124.78m 为黄褐色壤土，可塑—硬可塑，含较多中粗砂；124.78 ~ 116.58m 为黄褐色砾质粗砂，中密，饱和，含较多砾石，砾石粒径 3.0 ~ 8.0cm，其成分以长石、石英为主，砂质较纯，局部砂砾石成层；116.58m 以下为灰白色-青灰色石灰岩，中风化，以白云质灰岩为主，局部为泥灰岩、页岩，含较多方解石脉，岩石节理裂隙较发育。

2. ZK8 孔沉积层特征

ZK8 孔孔口高程 122.51m，孔深约 15.5m，在高程 112.91m 达到基岩，沉积层深度为 9.6m。122.51 ~ 119.11m 为黄褐色砾质粗砂，松散—稍微密实，饱和，含少量砾石，砾石粒径 1.0 ~ 3.0cm，其成分以长石、石英为主，砂质较纯。119.11 ~ 118.41m 为黄褐色壤土，可塑—硬可塑，含较多中粗砂；118.41 ~ 113.21m 为黄褐色砾质粗砂，中密，饱和，含较多砾石，砾石粒径 3.0 ~ 8.0cm，其成分以长石、石英为主，砂质较纯，局部砂砾石成层；113.21 ~ 112.91m 为黄褐色-棕黄色黏土，湿，硬可塑—硬塑，含铁锰氧化物和风化岩屑，土质较均匀；112.91m 以下为灰白色-青灰色石灰岩，中风化，以白云质灰岩为主，局部为泥灰岩、页岩，含较多方解石脉，岩石节理裂隙较发育。

（三）古河槽地质剖面分析

钻孔揭示（图3-2），该段沂河第四系沉积物的厚度大部分在 9 ~ 12m，河床左侧沉积物较厚，右侧沉积物较薄。ZK3、ZK4 孔之间有相对较高的埋藏基岩，最高处高程约为 118m，该高度以下可视为沂河基岩古河槽，河槽最深到达基岩的高程约为 112.91m，基岩河槽的深度约为 5.1m，河槽宽度（图3-2 中虚线）约 388m，宽深比为 76.1。

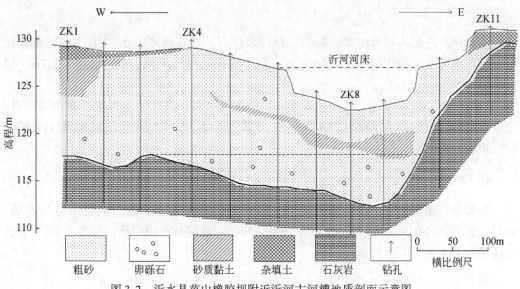

图 3-2　沂水县芭山橡胶坝附近沂河古河槽地质剖面示意图

三、北社橡胶坝附近断面

北社橡胶坝位于沂水县许家湖北社村东沂河干流上，位于沂河中游河段，两岸为沂河一级阶地，高出河床约 5~7m，为第四系河道冲洪积形成的壤土和黏土，中间为沂河河床及河漫滩，地形较为平坦，河床宽 380m 左右。坝址区河床地面高程约为121.3~123.7m，两岸地面高程约为 127.81~129.23m。河道主流位于河东侧，坝轴线大部分地段为第四系沉积物所覆盖，覆盖层厚度不大。

(一) 沉积层特征

沂河北社村东橡胶坝坝址处河床宽约 380m，勘察控制范围内两侧阶地为第四系冲洪积堆积的壤土，河床表面新近堆积有厚 0.5~6.3m 的松散砂壤土、细砂、中粗砂、砾质粗砂，下伏基岩为寒武系灰岩，该坝址北侧局部基岩裸露，现将地层分布及特征简述如下。

1. 壤土层

黄褐色，稍湿—湿，可塑。可见虫孔及树木根系，该层分布于河床两侧，层厚 3.2~4.2m，层底高程 124.60~125.03m。

1-1：砂壤土层。黄褐色，稍湿—湿，含较多细砂粒。可见虫孔及树木根系，富含植物根系。该层分布于漫滩及河床，层厚 0.5~1.3m，层底高程 120.60~123.20m。

2. 细砂层

褐黄色，松散状态，干—湿，砂质纯，分选性较好，颗粒较均匀。该层主要分布于漫滩表层，层厚 1.0~1.5m，层底高程 119.30~123.30m。

3. 中粗砂层

黄褐色，松散—稍微密实，饱和，含较多砾石，砾石粒径 1.0~3.0cm，其成分以长石、石英为主，砂质较纯，该层主要分布于河床及漫滩下部，层厚 1.3~2.7m，层底高程 117.10~122.93m。

3-1：壤土层。黄褐色-红褐色，饱和，软塑—可塑，以黏性土为主，含稍多砂砾，土质较均匀。该层仅为 ZK6、ZK9 两钻孔揭露，层厚 0.9~2.0m，层底高程 117.40~121.30m。

4. 砾质粗砂层

褐黄色，稍微密实，湿—饱和状态，砂质较纯，磨圆度一般，主要成分为石英、长石，砾石直径 0.5~5.0cm，含量为 15%~20%。该层分布较广泛，层厚 1.1~6.3m，层底高程 114.20~120.33m。

5. 石灰岩

灰白色–青灰色，中风化，以白云质灰岩为主，局部为泥灰岩，含较多方解石脉，岩石节理裂隙较发育，岩体表层出现多处溶沟溶槽。压水试验表明基岩透水率约为 12.1～30.5Lu，呈中等透水性。

各沉积层物理力学指标建议值见表3-2。

表 3-2　各沉积层物理力学指标建议值表

层号	岩土类别	含水率/%	密度/(g/cm³)		孔隙比	压缩系数/MPa⁻¹	压缩模量/MPa	直剪快剪		渗透系数/(cm/s)	允许承载力/kPa
			湿	干				黏聚力/kPa	内摩擦角/(°)		
1	壤土	19.8	1.93	1.58	0.700	0.47	4.5	25	16	$6.73×10^{-5}$	130
1-1	砂壤土	17.6	1.98	1.72	0.700	0.38	4.9	22	19	$2.15×10^{-5}$	100
2	细砂							0	21	$6.65×10^{-3}$	80
3	中粗砂							0	23	$8.65×10^{-3}$	110
3-1	壤土	23.6	1.90	1.60	0.708	0.43	5.8	18	14	$6.73×10^{-5}$	130
4	砾质粗砂	18.9	2.00	1.76	0.547			0	30	$3.85×10^{-2}$	160

（二）典型钻孔分析

图3-3是根据沂水县北社橡胶坝钻孔资料绘制的沂河古河槽地质剖面示意图，选择河床左侧的 ZK1 孔和现在河床中的 ZK3、ZK7 孔作为典型钻孔进行分析。

1. ZK1 孔沉积层特征

ZK1 孔孔口高程129.23m，孔深约19m，在高程120.33m处到达基岩，沉积物厚度8.9m。129.23～125.03m为黄褐色壤土，稍湿—湿，可塑，可见虫孔及树木根系。125.03～122.93m为黄褐色中粗砂，松散—稍微密实，饱和，含较多砾石，砾石粒径1.0～3.0cm，其成分以长石、石英为主，砂质较纯；122.93～120.33m为褐黄色砾质粗砂，稍微密实，湿—饱和状态，砂质较纯，磨圆度一般，主要成分为石英、长石，砾石直径0.5～5.0cm，含量为15%～20%；120.33m以下为中风化灰白色-青灰色石灰岩，以白云质灰岩为主，局部为泥灰岩，含较多方解石脉，岩石节理裂隙较发育。

2. ZK3 孔沉积层特征

ZK3 孔孔口高程121.90m，孔深约16m，在高程114.20m处到达基岩，沉积层厚度为7.7m。121.90～120.50m为黄褐色中粗砂，松散—稍微密实，饱和，含较多砾石，砾石粒径1.0～3.0cm，其成分以长石、石英为主，砂质较纯；120.50～114.20m为褐黄色砾质粗砂，稍微密实，湿—饱和状态，砂质较纯，磨圆度一般，主要成分为石英、长石，砾石直径0.5～5.0cm，含量为15%～20%；114.20m以下为中风化灰白色-青灰色石灰岩，以白云质灰岩为主，局部为泥灰岩，含较多方解石脉，岩石节理裂隙较发育。

3. ZK7 孔沉积层特征

ZK7 孔孔口高程 123.28m，孔深 15.5m，在高程 116.48m 处到达基岩，沉积层厚度 6.8m。123.28～122.28m 为黄褐色砂壤土，稍湿—湿，含较多细砂粒，可见虫孔及树木根系，富含植物根系；122.28～121.18m 为褐黄色细砂，松散状态，干—湿，砂质纯，分选性较好，颗粒较均匀；121.18～119.28m 为黄褐色中粗砂，松散—稍微密实，饱和，含较多砾石，砾石粒径 1.0～3.0cm，其成分以长石、石英为主，砂质较纯；119.28～116.48m 为褐黄色砾质粗砂，稍微密实，湿—饱和状态，砂质较纯，磨圆度一般，主要成分为石英、长石，砾石直径 0.5～5.0cm，含量为 15%～20%；116.48m 以下为中风化灰白色-青灰色石灰岩，以白云质灰岩为主，局部为泥灰岩，含较多方解石脉，岩石节理裂隙较发育。

(三) 古河槽地质剖面分析

钻孔揭示（图 3-3），该段沂河第四系沉积物的厚度大部分在 6～8m，河床左侧沉积物较厚，右侧沉积物较薄。ZK1、ZK2 孔之间有埋藏基岩阶地，高程约为 120m，该高度以下可视为沂河基岩古河槽，ZK3 到达基岩的高程为 114.2m。河槽宽度（图 3-3 中虚线）约 345m，基岩河槽的深度为 5.8m，宽深比为 59.5。

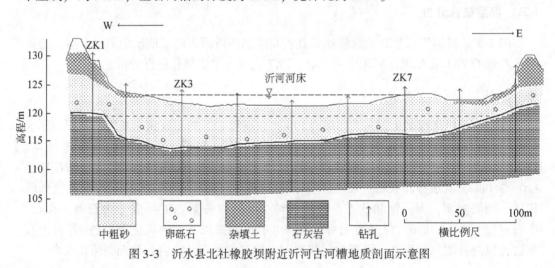

图 3-3　沂水县北社橡胶坝附近沂河古河槽地质剖面示意图

四、南王庄沂河大桥附近断面

沂水县南王庄沂河大桥位于许家湖乡南王庄村西南约 500m 处的沂河河道上。

(一) 沉积层特征

该河段基岩地层以白垩系紫红色砂质泥岩为主，埋藏较浅，附近即有出露。其上部为第四系冲洪积砂土,以中粗砂、含砾粗砂、含泥粗砂、卵石土为主。岩性变化虽然不大,但基岩面有一定的起伏,层位稳定性一般。自上而下共分五层,各层特征如下。

1. 中粗砂层

褐黄色,湿—饱和,含少量砾石和卵石,松散—稍微密实,矿物成分以石英、长石为主,暗色矿物次之,分选中等,磨圆较差。该层不均匀系数 C_u 为 3.12~5.28,曲率系数 C_c 为 1.01~1.34。该层在勘探范围内稳定发育,厚 3.0~6.2m,平均 4.1m,层底高程 114.34~120.67m,平均 117.42m。

2. 含砾粗砂层

褐黄色,饱和,砂质较纯,级配较好,成分以石英、长石为主,少量暗色矿物,含卵石和砾石约 15%~30%,卵石及砾石成分以石英岩、灰岩、砂岩为主,分选及磨圆较好,呈中等密实—密实状态。该层取砂样 2 件,不均匀系数 C_u 为 4.59~5.28,平均 4.94。曲率系数 C_c 为 1.20~1.28,平均 1.24。该层在勘探范围内稳定发育,层厚 1.5~5.1m,平均 3.7m,层底高程 110.67~117.31m,平均 113.86m,层底埋深 4.50~9.00m,平均 7.68m。

3. 含泥粗砂层

褐黄色,饱和,砂质不纯,含黏土成分约 15%~30%,砂质级配较好,成分以石英、长石为主,少量暗色矿物,含卵石和砾石约 15%~30%,卵石及砾石成分以石英岩、灰岩、砂岩为主,密实。该层仅桥位两头有发育,层厚 1.5~5.5m,平均 2.6m,层底高程 109.53~115.81m,平均 113.22m,层底埋深 7.50~12.00m,平均 9.83m。

4. 卵石土层

褐黄色,饱和,以砂和卵石、砾石为主,少量黏土成分,砂质级配较好,成分以石英、长石为主,少量暗色矿物,卵石和砾石约占 30%~40%,卵石及砾石成分以石英、灰岩、砂岩为主,密实。该层在勘探范围内大部发育,层厚 0.5~8.5m,平均 5.1m,层底高程 107.37~111.39m,平均 109.49m,层底埋深 8.00~16.00m,平均 13.40m。

5. 风化砂质泥岩

(1) 全风化砂质泥岩,紫红色,砂泥质结构,层状构造,岩石风化强烈,岩心呈土状和碎块状,手易捻碎,采取率约 10%~30%,RQD 为 0。该层在场区稳定发育,层厚 1.6~3.9m,平均 2.39m,层底高程 104.77~111.55m,平均 108.17m,层底埋深 8.40~18.60m,平均 13.33m。

(2) 强风化砂质泥岩,紫红色,砂泥质结构,层状构造,岩石风化较强烈,岩心呈碎块状和短柱状,节长 2~15cm 不等,裂隙较发育,手不易捻碎,小刀可刻动,采取率约30%～50%。该层在场区稳定发育，层厚1.50～4.30m，平均2.73m，层底高程102.30～107.45m，平均105.45m，层底埋深12.50～20.60m，平均16.06m。

（3）中风化砂质泥岩，紫红色，砂泥质结构，层状构造，岩石风化程度较低，岩心呈短柱状和中长柱状，节长5～30cm不等，裂隙少量发育，锤击声较脆，小刀可刻动，采取率约50%～80%。该层在场区稳定发育。未揭穿，揭露最大厚度15.70m。

（二）典型钻孔分析

图3-4是根据沂水县南王庄西沂河大桥工程钻孔资料绘制的沂河古河槽地质剖面示意图，选择河床左侧的ZK5孔和现在河床中的ZK9、ZK10孔作为典型钻孔进行分析。

1. ZK5孔沉积层特征

ZK5孔孔口高程125.67m，孔深29.40m，在110.17m处到达基岩，沉积物厚度15.5m。125.67～120.67m为褐黄色中粗砂，湿—饱和，含少量砾石和卵石，松散—稍微密实，矿物成分以石英、长石为主，暗色矿物次之，分选中等，磨圆较差；120.67～117.07m为褐黄色含砾粗砂，饱和，砂质较纯，级配较好，成分以石英、长石为主，少量暗色矿物，含卵石和砾石约15%～30%，卵石及砾石成分以石英岩、灰岩、砂岩为主，分选及磨圆较好，呈中等密实—密实状态；117.07～110.17m为褐黄色卵石土，饱和，以砂和卵石、砾石为主，少量黏土成分，砂质级配较好，成分以石英、长石为主，少量暗色矿物，卵石和砾石约占30%～40%，卵石及砾石成分以石英、灰岩、砂岩为主，密实；110.17m以下为风化砂质泥岩。

2. ZK9孔沉积层特征

ZK9孔孔口高程119.40m，孔深29.20m，在107.80m到达基岩，沉积层厚度为11.6m。119.40～115.40m为褐黄色中粗砂，湿—饱和，含少量砾石和卵石，松散—稍微密实，矿物成分以石英、长石为主，暗色矿物次之，分选中等，磨圆较差；115.40～111.70m为褐黄色含砾粗砂，饱和，砂质较纯，级配较好，成分以石英、长石为主，少量暗色矿物，含卵石和砾石约15%～30%，卵石及砾石成分以石英岩、灰岩、砂岩为主，分选及磨圆较好，呈中等密实—密实状态；111.70～107.80m为褐黄色卵石土，饱和，以砂和卵石、砾石为主，少量黏土成分，砂质级配较好，成分以石英、长石为主，少量暗色矿物，卵石和砾石约占30%～40%，卵石及砾石成分以石英、灰岩、砂岩为主，密实；107.80m以下为风化砂质泥岩。

3. ZK10孔沉积层特征

ZK10孔孔口高程119.40m，孔深28.00m，在111.80m处到达基岩，沉积层厚度7.6m。119.40～115.50m为褐黄色中粗砂，湿—饱和，含少量砾石和卵石，松散—稍微密实，矿物成分以石英、长石为主，暗色矿物次之，分选中等，磨圆较差；115.50～111.80m为褐黄色含砾粗砂，饱和，砂质较纯，级配较好，成分以石英、长石为主，少量暗色矿物，含卵石和砾石约15%～30%，卵石及砾石成分以石英岩、灰岩、砂岩为主，分选及磨圆较好，呈中等密实—密实状态；111.80m 以下为风化砂质泥岩。

（三）古河槽地质剖面分析

钻孔揭示（图3-4），该段沂河第四系沉积物的厚度大部分在 8～16m，河床左侧沉积物较厚，右侧沉积物较薄。河床下伏基岩略有起伏，ZK5 孔处为基岩埋藏阶地，基岩高程为 110.20m，ZK10 孔处也为基岩埋藏阶地，基岩高程为 111.80m，两孔之间为埋藏基岩河槽，ZK9 到达基岩的高程为 107.80m，基岩河槽到达基岩的最深点在 ZK8 至 ZK9 之间，高程应低于 107.80m，基岩河槽深度至少为 2.4m。河槽宽度为 205.0m（图3-4 中虚线），宽深比约为 85.4。

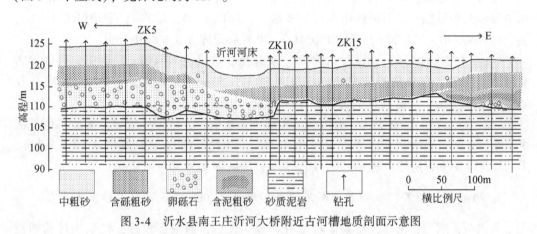

图3-4　沂水县南王庄沂河大桥附近古河槽地质剖面示意图

五、沂南 S336 沂河大桥附近断面

336 国道沂河大桥位于沂南县苏村镇杨家庄西，河内水面宽约 80m，河两侧较为平缓，周围林地、耕地分布，河底高程约 105m，两侧地势平坦，地表高程 105.7～109.8m，总体属冲积准平原地貌单元。

（一）沉积层特征

根据该区域钻探结果并结合区域地质资料分析，该河段的地层覆盖层为第四系河流冲积洪积堆积层，沉积层自上而下分为五层，下伏白垩系风化泥岩、砂岩。

1. 素填土层

灰黄色，稍湿，松散，含少量细小碎石，仅见于 ZK10 孔、ZK12 孔，厚度 0.7～0.9m。层底高程 105.10～108.80m，平均 106.95m。层底埋深 0.7～0.9m，平均 0.8m。

2. 粉质黏土层

黄褐色，硬塑，局部可塑，土质均匀，含少量铁锰质结核，局部含有有机质，埋深 0.4m 以上含少量植物根系。该层厚度 0.8 ~ 3.9m，平均 3.1m。层底高程 103.70 ~ 109.00m，平均 106.33m。该层层底埋藏深度 0.8 ~ 3.9m，平均埋藏深度 3.05m。

3. 粉质黏土层

黄褐色，软塑，土质均匀，含少量铁锰质结核，局部含有有机质，局部缺失，厚度 0.90 ~ 4.70m，平均 2.66m。层底高程 102.10 ~ 105.60m，平均 104.40m。该层层底埋藏深度 3.90 ~ 6.00m，平均埋藏深度 5.24m。

4. 细砾土、砾砂层

黄褐色，潮湿，中等密实—密实，主要矿物成分为石英、长石，磨圆度较好，充填中粗砂及粉质黏土。沂河西岸本层基本缺失，厚度 1.60 ~ 4.00m，平均厚度 2.81m，层底高程 98.70 ~ 102.00m，平均 100.46m，本层底部埋深 5.60 ~ 9.50m。

4-1：中砂、粗砾砂、粗砂、中粗砂。灰绿色、灰褐色，饱和，稍微密实—中等密实，砂质均匀，含少量粉质黏土，厚度 1.80 ~ 6.50m，平均厚度 3.03m，层底高程 95.60 ~ 104.20m，层底埋深 2.30 ~ 12.00m。

4-2：粉质黏土混中砂、粉质黏土。黄褐色夹灰黑色，软塑—硬塑，土质不匀，混少量细砾，局部有有机质。该层仅分布在 ZK7、ZK12、ZK14 孔，厚度 0.80 ~ 3.70m，平均厚度 2.17m，层底高程 97.90 ~ 101.70m，层底埋深 7.80 ~ 9.10m。

5. 细砾土、卵石、粗砂混卵砾石、粗砂混砾石、卵砾石混中粗砂、砾砂层

黄褐色，潮湿，密实，主要矿物成分石英、长石，磨圆度较好，充填少量粉质黏土。该层分布比较普遍，厚度 0.60 ~ 6.90m，平均厚度 3.48m，层底高程 93.10 ~ 97.70m，层底埋深 10.50 ~ 15.70m。

5-1：砾砂、粗砾砂、中砂、粗砂、粗砾砂混卵石。黄褐色，潮湿，中等密实，主要矿物成分石英、长石，分选性一般，磨圆度较好，分布于 ZK2 ~ ZK5、ZK7、ZK9、ZK12、ZK13 孔，厚度 1.60 ~ 4.20m，层底高程 96.30 ~ 99.50m，层底埋深 8.60 ~ 12.10m。

5-2：粉质黏土。黄褐色，硬塑，土质均匀，黏粒含量稍高，含少量铁锰质氧化物，仅分布于 ZK3 ~ ZK4 孔间，厚度约 1.10m，层底高程 95.00 ~ 96.60m。

5-3：细砂。灰黄色，饱和，密实，砂质均匀，主要成分为石英、长石，分选性差，磨圆度较好，仅分布在 ZK14 孔，厚度 2.20m，层底高程 94.70m，层底埋深 15.10m。

6. 风化泥质岩

（1）中风化泥质岩，棕褐色–灰褐色，泥质结构，层状构造，泥质胶结，岩心大部分呈柱状，少量呈碎块状，裂隙发育，有方解石充填，河床底部分布普遍，层底埋深最大达 35.4m。

（2）强风化泥质岩，棕褐色，褐红色，原岩结构大部分破坏，泥质胶结，岩心大部分呈碎块状，少量呈柱状，一般块径 2.0 ~ 5.0cm，最长 6.0cm，锤击声哑，局部夹

石英薄块，局部取心率较低，采取率约70%，易碎。场区普遍分布，厚度2.7～7.2m，层底埋深17.00～20.80m，平均18.87m。各层位沉积物颗粒级配见表3-3。

表3-3　各沉积层颗粒级配情况

层号	取样深度/m	样品个数	颗粒级配平均值/%					
			>2.0mm	2.0～0.50mm	0.50～0.25mm	0.25～0.10mm	0.10～0.005mm	<0.005mm
4	6.80	10	46.4	37.1	11.7	4.3	0.5	0
4-1	2.80	4	11.5	32.5	37.5	16.0	2.5	0
4-1	4.50～4.80	12	21.83	45.75	27.17	4.33	0.92	0
4-1	6.80	6	8.67	34.5	50.5	4.17	2.17	0
4-1	8.80	2	12.0	39.0	29.5	17.5	2.0	0
4-2	6.80	2	7.5	17.5	52.0	18.0	5.0	0
5	7.0～8.8	4	51.25	33.25		7.0	0.5	0
5	10.8～12.8	10	51.0	28.2	16.1	3.8	0.9	0
5-1	8.80	2	35.5	42.0	12.5	8.0	2.0	0
5-1	9.8	2	25.0	42.5	15.0	15.5	2.0	0
5-1	10.8	6	36.67	40.77	14.17	7.17	1.17	0
5-3	14.8	2	21.0	23.0	42.5	11.0	1.5	0

（二）典型钻孔分析

图3-5是根据沂南县336国道沂河大桥工程钻孔资料绘制的沂河古河槽地质剖面示意图，选择河床中的ZK3、ZK4、ZK9孔作为典型钻孔进行分析。

1. ZK3孔沉积层分析

ZK3孔孔口高程110.30m，孔深37.50m，在高程96.60m处到达基岩，沉积层厚度13.70m。110.30～106.40m为黄褐色粉质黏土，硬塑，土质均匀，含少量铁锰质结核，110.00m以上含少量植物根系；106.40～105.50m为黄褐色粉质黏土，软塑—硬塑，土质均匀，含少量砂粒及铁锰质氧化物；105.50～103.10m为黄褐色粗砂，潮湿，中等密实，主要矿物成分为石英、长石，粗砂含量约为60%，分选性一般，粒径0.5～1.0mm，混少量砾石，含少量粉质黏土；103.10～101.00m为黄褐色细砾土，潮湿，中等密实，主要矿物成分为石英、长石，细砾含量约为60%，粒径2.0～4.0mm，最大30.0mm，分选性差，磨圆度稍好，充填物中粗砂及粉质黏土，混少量粗砾；101.00～98.30m为黄褐色砾砂，潮湿，中等密实，主要矿物成分为石英、长石，细砾含量约为

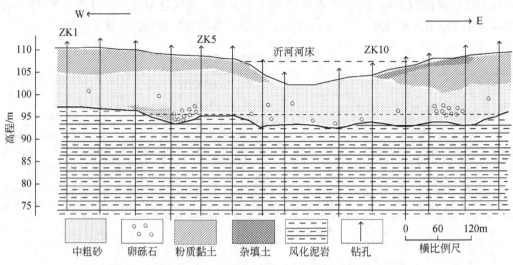

图 3-5   沂南县 S336 沂河大桥附近古河槽地质剖面示意图

30%，分选性较差，中粗砂含量约为 50%，含少量粉质黏土；98.30～97.70m 为黄褐色细砾土，潮湿，中等密实—密实，主要矿物成分为石英、长石，细砾含量约为 80%，分选性稍好，粒径 2.0～7.0mm，最大 30.0mm，磨圆度稍好，充填物为中粗砂及粉质黏土；97.70～96.60m 为黄褐色粉质黏土，硬塑，土质均匀，黏粒含量较高，含少量铁锰质氧化物；96.60m 以下为风化泥岩，棕褐色，岩心多成碎块状，节理裂隙发育，有方解石充填裂隙。

2. ZK4 孔沉积层分析

ZK4 孔孔口高程 109.60m，孔深 39.00m，在 93.90m 到达基岩，沉积层厚度为 15.7m。109.60～106.40m 为黄褐色粉质黏土，硬塑，黏性中等—较强，含少量砾砂，上部见少量植物根系；106.40～104.10m 为褐黄色粗砾砂，松散—稍微密实，颗粒级配中等，见少量细圆砾，分选性差，磨圆度中等；104.10～101.80m 为褐黄色细砾土，中等密实，夹少量粗砂及卵石，颗粒级配中等，分选性差，砾卵石磨圆度较好；101.80～97.60m 为褐黄色粗砾砂混卵石，中等密实，含卵石约 15%，级配比上层好，101.80～101.60m 夹灰黑色粉质黏土团块；97.60～93.90m 为杂色卵石，密实—坚硬，卵石粒径 3.0～8.0cm，磨圆度较好，多为花岗闪长岩石碎块洪积而成；93.90m 以下为风化泥岩，棕色，岩心呈柱状、短柱状，节理裂隙发育，锤击声脆。

3. ZK9 孔沉积层分析

ZK9 孔孔口高程 105.20m，孔深 37.40m，在高程 94.70m 处到达基岩，沉积层厚度 10.5m。105.20～102.90m 为黄褐色粗砾砂，饱和，松散—稍微密实，主要矿物成分为石英、长石，含少量粉砂；102.90～99.20m 为黄褐色细砾土，饱和，稍微密实，主要矿物成分为石英、长石，粒径 2.0～19.0mm，最大 30.0mm，分选性一般，磨圆度稍差，底部见粉质黏土薄层；99.20～96.60m 为褐黄色砾砂，饱和，中等密实，主要矿物成分为石英、长石，分选性差；96.60~94.70m 为黄褐色细砾土，饱和，中等密实—密实，主要矿物成分为石英、长石，分选性稍好，磨圆度较好；94.70m 以下为风化泥岩，棕褐色，岩心呈碎块状，局部短柱状，块径 2.0~4.0cm，易碎，机械破碎严重，锤击声哑。

(三) 古河槽地质剖面分析

钻孔揭示（图 3-5），该段沂河第四系沉积物的厚度大部分为 10~16m，现在河床处沉积层稍薄，约 10~12m，河床两侧沉积层较厚，约 14~16m。河床下伏基岩略有起伏，ZK3 孔处为基岩埋藏阶地，基岩高程为 96.6m，ZK6 孔处基岩高程为 96.4m。ZK11 孔到达基岩的深度最深，高程是 93.1m。埋藏基岩河槽的宽度（图 3-5 中 ZK6~ZK14）为 478m，基岩河槽深度约为 3.5m，河槽宽深比为 136.6。

六、沂南澳柯玛沂河大桥附近断面

沂南澳柯玛大道沂河大桥位于沂南县辛集镇北约 3km 处，近东西向横跨沂河，总长约 700m。河床平坦，西岸为堆积岸，属河漫滩相，东岸为侵蚀岸至一级阶地，相对高差 4.5m 左右，河床高程为 93m 左右。该段地质构造单元属沂沭断裂带的苏村凹陷，附近区域主要发育白垩系和第四系地层。白垩系地层岩性主要为紫红色粉砂岩、砂岩，第四系地层主要为沂河的冲积洪积物。

(一) 沉积层特征

1. 粉土层

分布在 ZK12 孔以东，最大厚度 4.0m，褐色，稍湿，可塑，中等压缩性，较均匀。上部有约 0.5m 厚的耕植土。

2. 中粗砂层

分布于整个河道，厚 2.4~4.4m，黄褐色，很湿—饱和，松散，分选性较好，磨圆度较好，含个别卵砾石，主要成分为石英、长石，东段有植被。

3. 砾砂层

分布于整个河道，厚度为 2.3~5.6m，黄褐色，饱和，稍微密实，分选性一般，磨圆度一般，含少量卵石、圆砾石，主要成分为石英、长石，卵石为石英砂岩。

4. 卵石层

分布于整个河道，厚 1.6~4.3m，褐色，饱和，中等密实，分选性差，磨圆度一般，充填黏性土及中粗砂，主要成分为石英砂石，底部 1.0m 左右为较大较纯的石英砂岩卵石，最大粒径大于 10.0cm。

5. 粉砂岩、砂岩

灰紫色-紫红色，细粒结构，层状构造，泥质胶结，强风化呈土状，中风化呈碎块状，微风化带岩石完整，岩心呈长柱状，基本完整。

6. 安山角砾岩

分布于 ZK5 孔及以西地段，灰紫色-灰绿色，角砾状结构，块状构造，凝灰质胶结及钙质胶结，角砾成分为安山岩。强风化呈带黏土状及碎石状，中风化带裂隙发育岩心呈碎块状、短柱状，岩裂隙面易破碎，微风化带岩石完整、裂隙闭合、不易破碎，矿物晶体基本上未发生变化。

各层位沉积物颗粒级配见表 3-4。

表 3-4　各沉积层颗粒级配情况表

孔号	取样深度/m	颗粒级配平均值/%						
		>5.0mm	5.0 ~ 2.0mm	2.0 ~ 0.50mm	0.50 ~ 0.25mm	0.25 ~ 0.10mm	0.10 ~ 0.005mm	<0.005mm
ZK2	1.00 ~ 1.20	0	0	42.4	38.0	12.3	7.3	0
	1.80 ~ 2.00	0	0	23.1	60.3	10.5	6.1	0
ZK3	1.11 ~ 1.30	35.1	8.9	48.5	6.8	0.7	0	0
ZK4	1.00 ~ 1.20	0	0	21.6	45.3	28.0	4.1	0
ZK5	1.30 ~ 1.50	0	7.4	15.5	44.6	29.4	3.2	0
ZK6	1.50 ~ 1.80	5.0	6.1	71.5	14.0	2.5	0.9	0
ZK8	4.20 ~ 4.30	24.2	7.8	51.0	14.5	2.4	0	0
	4.90 ~ 5.20	20.9	12.0	50.6	15.0	1.5	0	0
ZK10	4.80 ~ 5.00	16.8	8.2	42.6	21.5	6.1	4.8	0
ZK11	4.50 ~ 4.80	43.0	38.0	14.3	4.7	0	0	0
ZK12	4.50 ~ 4.80	27.4	29.0	38.5	4.2	0.9	0	0
ZK13	2.60 ~ 2.90	7.30	10.1	59.0	10.0	5.9	7.7	0
	2.90 ~ 3.20	48.8	15.0	26.0	3.6	2.4	4.2	0

（二）典型钻孔分析

图 3-6 是根据沂南县澳柯玛大道沂河大桥工程钻孔资料绘制的沂河古河槽地质剖面示意图，选择河床中的 ZK4、ZK6、ZK15 孔作为典型钻孔进行分析。

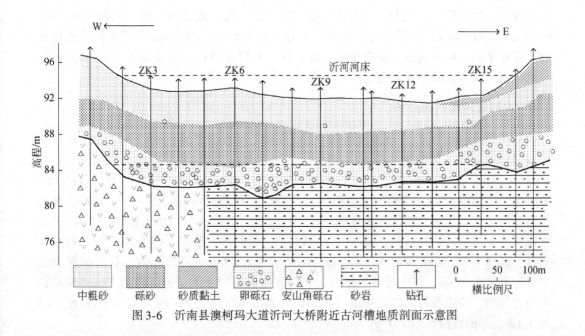

图3-6 沂南县澳柯玛大道沂河大桥附近古河槽地质剖面示意图

1. ZK4孔沉积层分析

ZK4孔孔口高程93.14m,孔深18.50m,在高程82.24m处到达基岩,沉积层厚度10.90m。93.14~89.34m为黄褐色中粗砂,松散,饱和,分选性较好,磨圆度较好,主要成分为石英、长石;89.34~85.04m为褐色砾砂,稍微密实,饱和,分选性一般,磨圆度一般,主要成分为石英、长石;85.04~82.24m为褐色卵石,中等密实,饱和,主要成分为石英砂岩,充填粗砾砂及少量黏性土;82.24m以下为灰紫色安山角砾岩,角砾状结构,块状构造,凝灰质胶结,强风化为土状,中风化为碎块状,弱风化的较完整。

2. ZK6孔沉积层分析

ZK6孔孔口高程93.40m,孔深16.80m,在高程82.80m处到达基岩,沉积层厚度10.60m。93.40~90.00m为黄褐色中粗砂,松散,饱和,分选性较好,磨圆度较好,成分为石英、长石;90.00~84.40m为褐色砾砂,稍微密实,饱和,分选性一般,磨圆度一般,成分为石英、长石;84.40~82.80m为褐色卵石,中等密实,饱和,成分为石英砂岩;82.80m以下为紫色粉砂岩,细粒结构,层状构造,泥质胶结,强风化为土状、碎石状,中风化为碎块状,微风化较完整。

3. ZK15孔沉积层分析

ZK15孔孔口标高92.85m,孔深15.50m,在高程84.95m处到达基岩,沉积层厚度7.90m。92.85~92.25m为褐色耕植土,含植物根系;92.25~90.45m为黄褐色中粗砂,松散,饱和,分选性较好,磨圆度较好,成分为石英、长石;90.45~87.75m为褐色砾砂，稍微密实，饱和，分选性一般，磨圆度一般，成分为石英、长石；87.75～84.95m为褐色卵石，中等密实，饱和，成分为石英砂岩；84.95m以下为灰紫色粉砂岩，细粒结构，层状构造，裂隙发育，倾角陡，充填方解石，强风化为土状、碎石状，中风化为碎块状，微风化较完整。

(三) 古河槽地质剖面分析

钻孔揭示（图3-6），该段沂河第四系沉积物的厚度大部分在9～11m。在该断面附近沂河西岸剖面（剖面顶部高程约100m）埋深2.5m、2.3m处样品的年代结果分别是4.03±0.23ka、3.82±0.22ka，该剖面的沉积速率约为95.3cm/ka，据此推算埋深约12m处沉积年代约为15ka。澳柯玛大道沂河大桥剖面东西两侧的高程约为97m（ZK1孔的孔口高程是96.50m），按采样剖面的埋深年代计算，约85m处的沉积物年代约为15ka。该段河床下伏基岩略有起伏，ZK15孔处为基岩埋藏阶地，基岩高程为84.95m，ZK6孔处基岩高程为82.80m，ZK9孔到达基岩的高程为82.75m。ZK7孔到达基岩的深度最深，高程是81.83m。据上述年代推算，该断面约85m以下的基岩河槽为末次冰期最盛期的古河槽，埋藏基岩河槽的宽度（图3-6中ZK2～ZK15）为471.0m，基岩河槽深度为3.1m，河槽宽深比为151.9。

七、葛沟橡胶坝附近断面

葛沟橡胶坝位于沂南县葛沟镇西0.5km的沂河干流上，其下游6.315km处为蒙河河口，上游7.275km处为东汶河河口。该河段两岸为沂河一级阶地，高出河床5～6m，为第四系河道冲洪积形成的壤土和黏土，中间为沂河河床及河漫滩，地形较为平坦，向下游逐渐降低，河床宽300m左右。坝址区河床地面高程约为84.2～87.5m，两岸地面高程约为89.3～93.7m。河道内两侧稍低，中间稍高，主流位于河东侧，坝轴线大部分地段基岩裸露，其余地段为第四系沉积物所覆盖，覆盖层厚度不大。

(一) 沉积层特征

该河段的沉积层为第四系冲洪积堆积的壤土、黏土，河床表面新近堆积有厚0.5～4.1m的松散中粗砂夹杂有块石、碎石，下伏基岩为寒武系石灰岩，两侧及河床东半部基岩裸露，现将地层分布及特征简述如下。

1. 碎石土层

灰色，为原葛沟闸基础开挖弃置的灰岩碎块，棱角状，松散，粒径5.0～40.0cm，混杂较多中粗砂。该层主要分布ZK4与ZK7之间河床表层，层厚1.2～1.5m，层底高程83.35～83.67m。另外，在ZK2与ZK3之间也有，宽约17m，两侧灰岩出露，估计厚度不大于2m。

2. 壤土层

黄褐-红褐色，稍湿—湿，可塑—硬可塑。该层分布于左岸堤防，层厚约3.5m，层底高程91.50m。

3. 中粗砂层

黄褐色，松散—稍密，饱和，含较多砾石，砾石粒径1.0～3.0cm，其成分以长石、石英为主，砂质较纯，局部含灰岩块石。该层主要分布于ZK4与ZK7之间河床下部，层厚2.0～2.6m，层底高程80.75～81.67m。

4. 壤土层

黄褐-红褐色，湿，可塑—硬可塑，含少量砂，土质较均匀，顶部0.5m为耕植土，富含植物根系。该层仅分布于河床两岸，ZK1、ZK8两钻孔揭露，层厚4.8～6.2m，层底高程86.50～87.06m。

5. 石灰岩

灰白色-青灰色，中风化，以白云质灰岩为主，局部为泥灰岩，含较多方解石脉，岩石节理裂隙较发育，局部为溶洞，充填黏土。该层在河床大部出露，上部节理裂隙较发育，出现多处溶沟溶槽。压水试验表明基岩透水率约为10.2～196.7Lu，呈中等—强透水性。

各土层物理力学指标建议值见表3-5。

表3-5 各沉积层物理力学指标建议值

层号	岩土类别	统计项目	含水率/%	密度/(g/cm³)		孔隙比	塑性指数	液性指数	压缩系数/MPa⁻¹	压缩模量 MPa	直剪快剪		渗透系数/(cm/s)
				湿	干						黏聚力/kPa	内摩擦角/(°)	
2	壤土	建议值	18.9	1.83	1.54	0.766	11.5	0.03	0.48	4.0	24	18	2.3×10⁻⁵
4	壤土	小均值	22.2	1.98	1.61	0.662	11.8	0.15	0.19	5.22	29.6	18.4	2.45×10⁻⁵
		大均值	23.0	2.00	1.63	0.684	13.1	0.20	0.31	6.20	32.6	22.3	4.84×10⁻⁵
		平均值	22.6	1.99	1.62	0.673	12.5	0.17	0.26	5.80	31.1	20.0	3.52×10⁻⁵
		建议值	22.6	1.99	1.62	0.673	12.5	0.17	0.31	5.22	29.6	18.4	4.84×10⁻⁵

注：第4层各指标统计组数为6组

(二) 典型钻孔分析

图3-7是根据沂南县葛沟橡胶坝工程钻孔资料绘制的沂河古河槽地质剖面示意图，选择河床中的ZK5、ZK6孔作为典型钻孔进行分析。

1. ZK5孔沉积层特征

ZK5孔孔口高程84.85m，孔深19.5m，在高程80.75m处到达基岩，沉积层厚度4.1m。84.85～83.35m为碎石土夹中粗砂，83.35～80.75m为黄褐色中粗砂，成分组成以石英、长石为主；80.75m 以下为石灰岩，颜色呈灰白色–青灰色，成分多为方解石。

2. ZK6 孔沉积层特征

ZK6 孔孔口高程 84.87m，孔深 18.5m，在高程 81.67m 处到达基岩，沉积层厚度 3.2m。84.87～83.67m 为杂填土、碎石土夹中粗砂，83.67～81.67m 为黄褐色中粗砂，主要成分为石英、长石；81.67m 处以下为石灰岩。

(三) 古河槽地质剖面分析

钻孔揭示（图 3-7），该段沂河河床沉积物厚度小，在 ZK3、ZK4 孔之间基岩出露，ZK3 孔左侧沉积物很薄，在 ZK4～ZK7 孔处第四系沉积物较厚，厚度一般也小于 3m。河床下伏基岩略有起伏，ZK4、ZK7 孔为基岩阶地，ZK1、ZK8 孔处为现在河流阶地，主要是黏土与杂填土。ZK7 孔基岩高程为 85.33m，该高度的河床宽度约为 124m，ZK5 孔到达基岩的高程为 80.75m，基岩河槽深度为 4.5m，河槽宽深比为 27.6。ZK4 孔基岩高程为 86.60m，该高程的河槽宽度约为 191m，河槽深度为 5.8m，宽深比为 32.9。

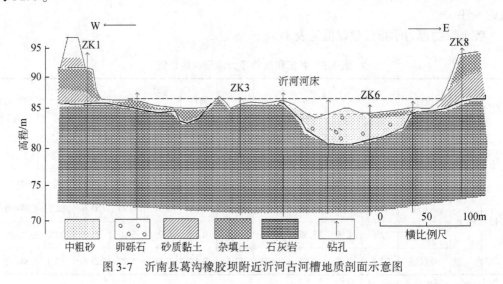

图 3-7   沂南县葛沟橡胶坝附近沂河古河槽地质剖面示意图

八、洙阳村附近断面

根据钻探验证的电测法物探的误差率，对各探测点的物探测得的基岩埋深进行校正，根据校正结果绘制了洙阳村断面沂河古河槽地质剖面图（图 3-8）。

在该河段的东部、中部和西部，分别挖掘了三个剖面，采集了部分样品，获得了年代数据（见表 3-6）。

表 3-6　洙阳段剖面部分样品年代测试结果

剖面位置	地面高程/m	采样深度/m	年代/ka	测年单位
35.3253°N，118.2682°E	92.0	8.3	11.02±0.44	中国科学院青海盐湖研究所
35.3253°N，118.2682°E	92.0	6.95	11.00±0.90	南京师范大学
35.3253°N，118.2682°E	92.0	6.5	10.27±0.51	中国科学院青海盐湖研究所
35.3276°N，118.2654°E	90.0	7.55	8.30±0.70	南京师范大学
35.329°N，118.2462°E	87.1	4.2	13.00±1.10	南京师范大学
35.329°N，118.2462°E	87.1	2.8	7.50±0.70	南京师范大学

在洙阳村断面沂河东岸剖面，高程 83.7m、85.5m 处中粗砂层样品的 OSL 测年结果分别为 11.02±0.44ka、10.27±0.51ka，计算得出两个样品点之间的平均沉积速率为 238cm/ka，按此沉积速率推算，在高程约 75.3m 处沉积物的年代约为 15ka。在西岸剖面（表 2-1）高程约 82.9m 处样品的年代为 13.00±1.10ka，按上述沉积速率推算，在高程约 75.8m 处沉积物的年代约为 15ka。据此判断，该剖面约 75m 以下的基岩河槽为末次冰期最盛期的沂河河槽（图 3-8），古河槽总宽度约 704m，最深处在高程约 68.1m 处到达基岩，河槽最深约 6.9m，河槽宽深比为 102。在高程约 83m 处沉积物的年代约为 12ka，约 83～75m 处的河槽为晚冰期沂河河槽，河槽宽约 784m，宽深比为 98。

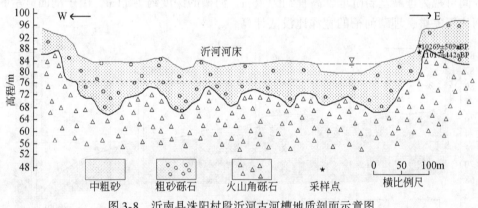

图 3-8　沂南县洙阳村段沂河古河槽地质剖面示意图

九、玉平沂河大桥附近断面

玉平沂河大桥位于汤头镇的西部，该段地形起伏不大，包括河堤、岸坡及河谷等微地貌类型。

（一）沉积层特征

该河段第四系沉积物主要是中粗砂，局部有黏土，下伏基岩为石灰岩。

1. 中粗砂层

黄褐色，中等密实，饱和，主要成分石英、长石，分选性差，磨圆度一般，厚度3.3～16.2m，平均6.2m，层底高程80.06～83.81m。

2. 黏土层

黄褐色，可塑，切面较光滑，稍有光泽，土质较均匀，干强度及韧性中等，无摇振反应，仅在ZK1孔及ZK7～ZK8孔之间有分布，厚度0.4～6.1m。

3. 石灰岩

强风化石灰岩，灰褐色，隐晶质结构，裂隙块状构造，裂隙较发育，岩心呈碎块状，具有一定的软化性，破碎。中风化石灰岩，青灰色，隐晶质结构，块状构造，锤击声响脆，岩心呈短柱—长柱状，较完整。

（二）古河槽地质剖面分析

图3-9是根据玉平沂河大桥工程钻孔资料绘制的沂河古河槽地质剖面示意图。ZK15孔孔口高程81.23m，沉积层厚度16.20m，在高程65.03m处到达基岩。ZK7～ZK8间可视为埋藏基岩阶地，高程约为76m，河槽的深度约为11m，由于剖面显示的埋藏河床不完整，埋藏河槽的宽深比没法计算。

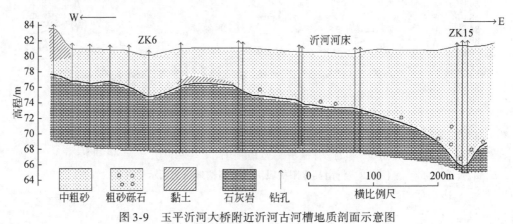

图3-9　玉平沂河大桥附近沂河古河槽地质剖面示意图

十、船流街—解家庄附近断面

根据钻探验证的电测法物探的误差率，对各探测点的物探测得的基岩埋深进行校正，根据校正结果绘制了船流街—解家庄段沂河古河槽地质剖面图（图3-10）。

现在河床的下方均为沉积的第四系粗砂砾砂层，ZK3、ZK4、ZK5孔揭示的粗砂砾石层，呈浅黄色，稍微密实—中等密实，主要矿物成分为石英、长石，分选性一般，磨圆度一般，砂层自上而下粒径逐渐增大，含砾约25%。河槽底部基岩为白垩系地层，岩性为全风化砂岩，呈红褐色，原岩结构不可辨，岩石呈砂土状。

　　在船流街—解家庄断面，船流街北沂河西岸剖面（图3-10），剖面顶部高程为79.0m，高程71.62m、73.10m（埋深7.38m、5.90m）处中粗砂层样品的OSL测年结果分别为11.00±0.90ka、8.70±0.22ka，计算得出两个样品点之间的平均沉积速率为64.3cm/ka，按此沉积速率推算，在高程约70.33m处沉积物的年代约为15ka；解家庄西沂河东岸剖面顶部高程为76.0m，高程70.4m、71.4m（埋深5.6m、4.6m）处中粗砂层样品的OSL测年结果分别为13.00±1.10ka、8.30±0.70ka，计算得出两个样品点之间的平均沉积速率为22cm/ka，按此沉积速率推算，在高程约70m处沉积物的年代约为15ka。据此判断，ZK5孔到达基岩的高程是69.9m，从ZK5孔至滨河西路之间高程约69.9m以下的河槽为末次冰期最盛期时的沂河河槽（图3-10中水平虚线所示），古河槽总宽度约925m，最深处在高程约59.9m到达基岩，河槽最深约10m，总宽深比92.5。古河槽中又有几个小的基岩河槽。古河槽的左侧，图3-10中ZK2孔沉积物，底部为约2.7m厚含砾粗砂层，往上为厚度约2.4m的砂质黏土、4.2m的粉质黏土、黏土层。在高程75.20～75.18m、74.10～74.08m（埋深4.80～4.82m、5.90～5.92m）处样品的 ^{14}C 测年结果分别为12.10±0.04ka BP、12.65±0.04ka BP，由此可推测该处为晚冰期初期河漫滩相沉积。

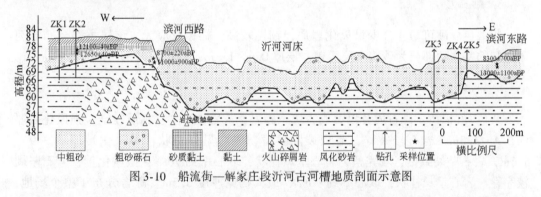

图3-10　船流街—解家庄段沂河古河槽地质剖面示意图

十一、柳航橡胶坝附近断面（206国道断面）

　　柳航橡胶坝位于沂河临沂城区段柳航头村西，其上游200m处为临沂北外环路桥（206国道沂河大桥），下游距祊河河口8.6km。

（一）沉积层特征

　　该段沂河两侧滩地为第四系冲洪积堆积的砂壤土、中粗砂，河床表面局部有少许新近堆积的砾质粗砂夹杂少量砾石，下伏基岩为白垩系砾岩，河床中基岩裸露，现将地层分布及特征简述如下。

　　1. 杂填土层

　　黄褐色，稍密，以砂壤土为主，局部含碎石。该层主要分布于河床右侧的滩地上，层厚 0.5~1.2m，层底高程 69.27~75.02m。

2. 砂壤土层

黄褐色，松散—稍微密实，湿—饱和，以粉细砂为主，含少量粉黏粒，塑性低，摇振反应较强。该层主要分布于河床左岸滩地上，层厚 1.2~3.0m，层底高程 72.33~73.73m。

3. 中粗砂层

黄褐色，稍湿，松散—稍微密实，成分以石英、长石为主，含少量黏性土，局部为砂壤土。该层主要分布于河床左岸滩地上，层厚 1.2~2.1m，层底高程 71.63~71.90m。

4. 砂壤土层

黄褐色，松散—稍微密实，饱和，以粉细砂为主，含少量粉黏粒，塑性低，摇振反应较强。该层主要分布于河床两侧的滩地上，层厚 1.2~3.6m，层底高程 69.53~71.72m。

5. 黏土层

灰褐色，硬可塑，含少量风化岩屑，韧性较高，摇振反应无。该层主要分布于河床两侧的基岩顶部，为砂壤土层覆盖，层厚 0.6~1.3m，层底高程 69.10~70.92m。

6. 砾岩

杂色-红褐色，砾石成分以火成岩块、砂岩、灰岩块为主，钙质胶结。强风化带厚约 0.4~1.3m，岩石较破碎，节理裂隙发育，岩心呈碎块状；中风化带厚约 3.9~5.6m，岩石坚硬致密，较完整，岩心呈短柱状，取心率约 70%；微风化带，岩石坚硬较完整，岩心呈长柱状，取心率约 90%，最大揭露厚度 5.5m。砾岩分布于整个场地，主河床出露，两岸滩地为第四系地层覆盖。

压水试验表明基岩透水率约为 8.2~33.3Lu，呈弱—中等透水性。

各土层物理力学指标建议值见表 3-7。

表 3-7　各沉积层物理力学指标建议值表

层号	岩土类别	含水率/%	密度/(g/cm³)		孔隙比	压缩系数/MPa⁻¹	压缩模量系数/MPa	直剪快剪		渗透系数/(cm/s)	允许承载力/kPa
			湿	干				黏聚力/kPa	内摩擦角/(°)		
2	砂壤土	18.7	1.85	1.56	0.731	0.26	6.66	5	22	6.0×10^{-4}	120
3	中粗砂	10.1	1.70	1.54	0.721	0.16	10.75	0	26	7.5×10^{-3}	150
4	砂壤土	23.6	1.89	1.50	0.768	0.31	5.70	10	20	3.0×10^{-4}	140
5	黏土	31.0	1.92	1.47	0.871	0.25	7.48	40	10	6.0×10^{-6}	160
5-1	强风化砾岩										300
5-2	中风化砾岩										700

（二）典型钻孔沉积层特征

图 3-11 是根据 206 国道沂河大桥工程钻孔资料绘制的沂河古河槽地质剖面示意图，现代河床中大部分出露基岩，选择河床两侧图中 ZK7、ZK21 孔作为典型钻孔进行分析。

1. ZK7 孔沉积层特征

ZK7 孔孔口高程 74.93m，孔深 17.50m，在高程 69.43m 处到达基岩，沉积层厚度 5.5m。74.93~73.33m 为黄褐色亚黏土，均匀，湿，可塑—硬塑，含少量砂粒及铁锰氧化物；73.33~72.43m 为黄褐色粗砂，松散，湿，分选性中等，磨圆度中等，含少量砾石；72.43~69.43m 为黄褐色、灰褐色黏土，较均匀，饱和，可塑—硬塑，含少量砂粒及钙质结核；69.43~67.93m 为浅紫红色强风化砂质砾岩，呈砂砾状夹碎块状，锤击易碎，砾石成分为石灰岩、砂岩、安山岩、花岗岩等，粒径一般 0.5~3.0cm；67.93m 以下为浅紫红色弱风化砂质砾岩，角砾状结构，块状构造，岩石较硬，较完整，泥沙质胶结，岩心呈短柱状、长柱状，锤击声脆，不易击碎，砾石成分为石灰岩、砂岩、安山岩、花岗岩等，次圆状，粒径一般为 0.5~3.0cm。

2. ZK21 孔沉积层特征

ZK21 孔孔口高程 76.71m，孔深 20.60m，在高程 70.51m 处到达基岩，沉积层厚度 6.2m。76.71~73.71m 为黄褐色粗砂，松散，湿，分选性中等，磨圆度中等，含少量砾石；73.71~70.51m 为黄褐色亚黏土，均匀，湿，可塑—硬塑，含大量砂粒及铁锰氧化物；70.51m 以下为砂质砾岩，浅紫红色，弱风化，角砾状结构，块状构造，岩石较硬，上部较破碎，下部较完整，泥沙质胶结，岩心呈短柱状、长柱状，锤击声脆，不易击碎，砾石成分为石灰岩、砂岩、安山岩、花岗岩等，次圆状，粒径一般为 0.5~3.0cm。

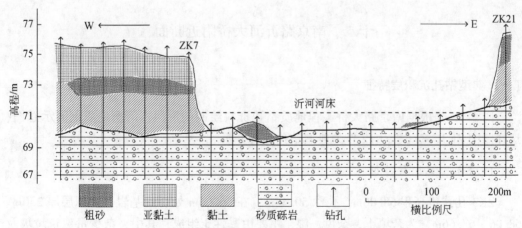

图 3-11　206 国道附近沂河古河槽地质剖面示意图

（三）古河槽地质剖面分析

根据柳杭橡胶坝的地质勘探钻孔资料，绘制了相应的沂河古河槽地质剖面图，见图 3-12。

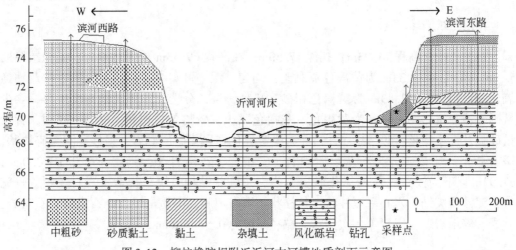

图 3-12　柳杭橡胶坝附近沂河古河槽地质剖面示意图

柳杭橡胶坝附近剖面（图 3-12），现代河床上沉积物很少，大部分河床为出露的基岩，在河床左侧，有一个相对较深的河槽。该剖面沂河两岸沉积物相似，主要是砂质黏土、亚黏土等，在现代河床东侧阶地上的河漫滩相砂质黏土中泥炭的[14]C 年代为 9,495±35a BP，据此可以判定，全新世之前的沂河主河槽就位于现在河床的范围之内。河槽最深处基岩高程为 68.20m，左侧埋藏基岩槽顶高程为 69.53m，河槽深度约为 1.33m，高程 69.53m 以下河槽宽度（图 3-12 中水平虚线所示）约为 234m，古河槽宽深比为 175.9。

十二、南京路沂河大桥附近断面

（一）典型钻孔沉积层特征

图 3-13 是根据南京路大桥工程地质钻孔资料绘制的沂河古河槽地质剖面示意图，选择图中 ZK3、ZK6、ZK12 作为典型钻孔进行分析。

1. ZK3 孔沉积层特征

ZK3 孔孔口高程 68.06m，孔深 50.44m，在 66.06m 处切到基岩，沉积层厚 2.0m。68.06～67.66m，为杂填土，杂色，湿，主要由黏性土组成，其中夹杂少量建筑垃圾及砖石碎块，粒径一般 0.5～1.0cm，少见大颗粒碎块，较为松散；67.66～66.06m 为粗砂，黄褐色，以长石、石英等原生矿物为主要成分，级配不良，形状为颗粒性状有次

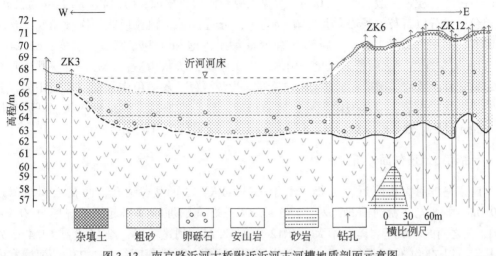

图 3-13　南京路沂河大桥附近沂河古河槽地质剖面示意图

棱角状的结构，含少量砾石，砾径 1.0～3.0cm，局部含有少量黏土，饱和，中等密实——密实；66.06m 以下为安山岩，66.06～51.36m 为灰绿色、灰褐色强风化安山岩，安山结构，块状结构，岩心成碎块状，具有一定软化性，岩性为软岩，形状破碎；51.36～39.36m 为灰绿色、灰褐色中风化安山岩，安山结构，块状结构，节理裂隙发育，岩石破碎，岩心呈块状，少见短柱状，可见节长 5～10cm 岩块，较坚硬；39.36m 以下为红褐色、灰褐色安山岩，安山结构，块状结构，中厚层状结构，岩心呈短柱状，较硬岩，较完整。

2. ZK6 孔沉积层特征

ZK6 孔孔口高程 70.21m，孔深 65.42m，在 62.71m 处切到基岩，沉积层厚 7.5m。70.21～70.11m，为杂填土，杂色，湿，主要由黏性土组成，其中夹杂少量建筑垃圾及砖石碎块，粒径一般 0.5～1.0cm，少见大颗粒碎块，较为松散；70.11～62.71m 为粗砂，黄褐色，成分以石英、长石等原生矿物为主，级配不良，颗粒性状呈次棱角状，含少量砾石，砾径 1.0～3.0cm，局部含有少量黏土，饱和，中等密实——密实；62.71m 以下为基岩，62.71～56.51m 为灰绿色、灰褐色强风化安山岩，安山结构，块状构造，岩心呈碎块状，具有一定的软化性，软岩、破碎；56.51～38.41m 为紫红色、棕红色中强风化砂岩，层状构造，粉粒结构，泥钙质胶结，具有一定的软化性及崩解性，极软岩，较破碎；38.41m 以下为灰绿色和灰褐色中风化安山岩，安山结构、块状结构，节理裂隙发育，岩石破碎，岩心呈块状，少见短柱状，可见节长 5～10cm 岩块，较坚硬，较稳定，取心率低。

3. ZK12 孔沉积层特征

该孔孔口高程 71.24m，孔深 53.32m，在 62.24m 处切到基岩，沉积层厚 9.0m。71.24m～71.14m 为杂填土，杂色，湿润，主要由黏性土组成，其中夹杂少量建筑垃圾及砖石碎块，粒径一般 0.5 ~ 1.0cm，少见大颗粒碎块，松散；71.14 ~ 62.24m 为粗砂，黄褐色，成分以石英、长石等原生矿物为主，分选性差，颗粒形状呈次棱角状，含少量砾石，砾径 1.0 ~ 3.0cm，局部含有少量黏土，饱和，中等密实—密实；62.24 ~ 57.74m 为灰绿色、灰褐色强风化安山岩，安山结构，块状构造，岩心呈碎块状，具有一定软化性，软岩，破碎；57.74m ~ 35.24m 为灰绿色、灰褐色中风化破碎安山岩，安山结构，块状构造，节理裂隙发育，岩石破碎，岩心呈块状，少量短柱状，可见节长 5 ~ 10cm 岩块，较坚硬；35.24m 以下为红褐色、灰褐色中风化安山岩。

（二）古河槽地质剖面分析

南京路沂河大桥附近古河槽，由于 ZK3 ~ ZK4 之间没有钻孔，两孔之间距离达 599.0m，根据与下游河槽的比对，ZK3 ~ ZK4 孔之间的埋藏基岩起伏情况应与 ZK4 ~ ZK12 孔之间的埋藏基岩差别不大。ZK12 孔在 62.24m 到达基岩，ZK14 孔在 64.47m 到达基岩，以 ZK14 孔埋藏基岩顶端为基岩河槽的顶部，河槽深度约为 2.23m，河槽宽度约为 849m，宽深比为 380.7。

十三、解放路沂河大桥附近断面

（一）典型钻孔沉积层特征

图 3-14 是根据解放路沂河大桥工程地质钻孔资料绘制的沂河古河槽地质剖面示意图，选择图中 K5、K40、K55 孔作为典型钻孔进行分析。

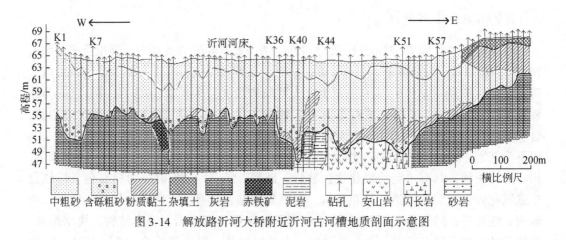

图 3-14　解放路沂河大桥附近沂河古河槽地质剖面示意图

1. K5 孔沉积层特征

ZK5 孔孔口高程 64.58m，孔深 23.00m，在高程 50.88m 处到达基岩，沉积层厚度 13.7m。64.58 ~ 63.08m 为深灰色杂填土，成分为灰岩质块石，底部夹细砂；63.08 ~ 50.88m 为褐黄色粗砂，稍微密实—中等密实，饱和，主要成分为石英、长石，磨圆度较好；50.88～48.68m 为溶蚀带微风化灰岩，深灰色，隐晶质结构，中厚层构造，坚硬，有溶隙；48.68m 以下为灰岩，深灰色，隐晶质结构，中厚层构造，坚硬，裂隙稀疏，被方解石充填。

2. K40 孔沉积层特征

K40 孔孔口高程 64.26m，孔深 31.60m，在高程 47.26m 处到达基岩，沉积层厚度17.00m。64.26～62.46m 为黄褐色素填土，松散，为便道填土，成分为粗砂；62.46～51.06m 为黄褐色粗砂，中等密实—密实，饱和，主要成分为石英、长石，磨圆度较好，分选性一般，含圆砾；51.06～47.26m 为黄褐色粉质黏土，可塑，偶见层理结构，为残积土；47.26～36.16m 为棕褐色中风化泥岩，泥质结构，层状构造，锤击易碎，岩心呈碎块状及柱状，采样率 60%～70%；36.16～32.66m 为微风化安山岩，灰绿色，斑状结构，块状构造，脆硬，岩心呈柱状及块状，采样率 74%～84%。

3. K55 孔沉积层特征

K55 孔孔口高程 64.48m，孔深 19.00m，在高程 53.48m 处到达基岩，沉积层厚度11.00m。64.48～62.08m 为黄褐色杂填土，松散，湿—饱和，为便道填充的砂混土、块石；62.08～55.08m 为褐黄色粗砂，中等密实，饱和，主要成分为石英、长石，磨圆度较好，分选性一般，含少量圆砾；55.08～53.48m 为黄灰色粉质黏土，可塑；53.48m 以下为微风化石灰岩，深灰色，隐晶质结构，中厚层构造，坚硬，岩心呈柱状，采样率 74%～83%，裂隙稀疏，被方解石充填。

(二) 古河槽地质剖面分析

根据钻孔资料揭示，沂河古河槽位于现代河床的下方。K1～K7 孔之间的古河槽，其底部沉积的是褐黄色粗砂，具有中等密实、饱和、分选性一般的特征，主要成分是石英和长石，含有少量圆砾和卵石，砾石的磨圆度较好。K1 孔在高程 55.13m 处到达基岩，K5 孔在高程 50.88m 处到达基岩，K7 孔在高程 55.30m 处到达基岩，55.13m 以下的基岩河槽深约 4.25m，槽宽约 120m，宽深比 28.24；K36～K41 孔之间的深槽，其底部沉积物是黄褐色砂质黏土，黏土可塑性强，部分呈现出层理结构，上部含有少量的砾石。K44～K47 孔处的河槽内沉积的是黄褐色粉质黏土，具有可塑性，含较多的砂粒及少量的卵石。K49～K53 孔处的古河槽底部的沉积物是褐黄色粗砂，具有中等密实、饱和、分选性一般的特征，主要成分是石英和长石，但也含有少量的圆砾和卵石，砾石磨圆度较好，粗砂上面沉积的是粉质黏土，为黄褐色，含有较多的砂粒和少量的卵石。K57 孔在高程 55.09m 处到达基岩，K40 孔最深，在高程 47.26m 处到达基岩，古河槽最深约 7.83m，高程 55.09m 以下的河床宽度为 550m，宽深比为 70.24。在 K36～K41、K44～K55 孔之间，有几个小的基岩河槽。K44 孔、K55 孔均在高程 53.20m 的深度处切到基岩，槽深约 4.34m，槽宽约 340.75m，宽深比为 78.5。

地震剖面影像（图 2-3）很清楚反映了断层断裂带位置与特征。图 2-3 中约从 K36 处开始，同相轴出现下陷趋势，并伴有错断现象，在 K40 附近达到最低并出现上扬趋势，约 K42 处同相轴上扬趋势结束。推测 K36～K42 之间为古河道。该处波形变形等反映了构造断裂，推断断层分布在 K38～K43 孔之间，宽约 80m，走向北，倾向西。K32～K34 孔处有裂隙，浅部有溶蚀现象，走向北，倾向西。K43～K44 孔处有裂隙，走向北，倾向西。

解放路沂河大桥附近的古河槽没有采集相应的年代样品，但是在上游约 3km 处的祊河右岸埋藏阶地河漫滩上，分别于埋深 2.34～2.38m 和 3.92～3.96m 的砂质黏土层中采集了两个[14]C 年代样品，测试结果上部为 12,210±50a BP，下部为 14,020±60a BP。所以可推断出，K1～K7 孔之间约 55.3m 以下的河槽应为末次冰期最盛期时的祊河河槽，K36～K57 孔之间的河槽为末次冰期最盛期时的沂河河槽。

K36～K41 孔之间形成窄深河槽的原因是该处埋藏基岩有灰岩、泥岩和砂岩，岩性复杂，存在断裂破碎带，断裂、裂隙发育，容易侵蚀。K7～K36 孔之间河槽形态高低起伏，应是末次盛冰时期河床出露地表，在溶蚀流水等作用下造成了河床下埋藏石灰岩起伏不平的情况。此外，根据钻探发现，该处河槽底部埋藏的灰岩有溶洞，裂隙发育，所以局部地区的古河槽相对较深较窄。相比之下，K44～K55 孔之间的古河槽则较为宽浅。

根据地质剖面图及河槽的年代可知，末次冰期最盛期，祊河在解放路沂河大桥附近尚未汇入沂河，与沂河之间还有约 642m 的分水岭。图 3-14 中约 54m 以上整个河槽中都沉积了黄褐色粗砂，应该是晚冰期以来的河床沉积，说明晚冰期以后，祊河与沂河之间的分水岭消失，祊河在九曲沂河大桥的上游注入沂河。晚冰期以来，沂河古河槽宽深较大，形成了宽浅的河槽特征。

十四、陶然路沂河大桥附近断面

（一）典型钻孔沉积层特征

图 3-15 是根据陶然路沂河大桥工程地质钻孔资料绘制的沂河古河槽地质剖面示意图，选择图中 K6、K22 孔作为典型钻孔进行分析。

1. K6 孔沉积层特征

K6 孔孔口高程 65.81m，孔深 44.20m，在高程 52.36m 处到达基岩，沉积层厚度 13.45m。65.81～64.50m 为黄褐色杂填土，稍微密实，湿—饱和，以中粗砂及黏性土为主，含砖石碎块；64.50～60.82m 为黄褐色粉质黏土，可塑，土质较均匀，含少量砂，韧性及干强度中等，切面较光滑；60.82～56.02m 为黄褐色中粗砂，饱和，中等密实，主要成分为石英、长石，磨圆度较好；56.02～52.36m 为黄褐色粗砂，饱和，中等密实—密实，主要成分为石英、长石，分选性差，磨圆度较好，含有约 20% 的砾石；52.36m 以下为安山岩，上层为全风化安山岩，浅灰色-浅灰紫色，岩心砂土状，结构、构造均无法分辨，呈碎土状。中层为强风化安山岩，浅紫红色，斑状结构，块状构造，成分主要为角闪石、长石，岩心呈碎块泥沙状，岩心采样率 40%。中风化安山岩，灰色–灰绿色，斑状结构，块状构造，成分为角闪石、长石，岩心砂土状、碎块状。

2. K22孔沉积层特征

K22孔孔口高程68.45m，孔深44.82m，在标高47.85m到达基岩，沉积层厚度20.60m。68.45～64.05m为黄褐色杂填土，稍微密实，湿—饱和，以中粗砂及黏性土为主，含砖石碎块等；64.05～61.45m为黄褐色粉质黏土，可塑，土质较均匀，含少量砂，韧性及干强度中等，切面较光滑；61.45～56.45m为黄褐色中粗砂，饱和，中等密实，主要成分为石英、长石，磨圆度较好；56.45～47.85m为黄褐色粗砂，饱和，中等密实—密实，主要成分为石英、长石，分选性差，磨圆度较好，含有约20%的砾石；47.85m以下为闪长岩，强风化呈灰黄色，中粒结构，块状构造，主要成分为角闪石、长石，岩心呈碎土状、碎块状，采样率40%。中风化呈灰色-灰绿色，中粒结构，块状构造，主要成分为角闪石、长石，岩心为柱状及碎块状，采样率80%。

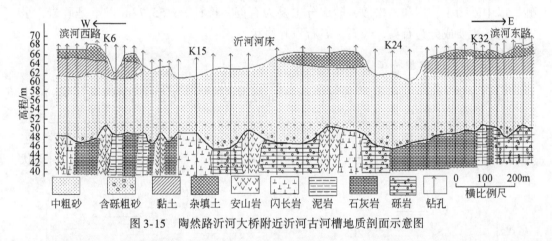

图3-15　陶然路沂河大桥附近沂河古河槽地质剖面示意图

(二) 古河槽地质剖面分析

图3-15是根据陶然路沂河大桥的地质勘探钻孔资料绘制的沂河古河槽地质剖面图。钻孔揭示，第四系沉积物厚度一般14～20m，下伏强风化安山岩、闪长岩、砾岩、泥岩及微风化石灰岩等，岩性复杂，断裂带发育，有几个明显的基岩河槽。部分钻孔显示，下伏石灰岩有溶洞。高程约52m以下沉积物为河床相黄褐色含砾粗砂，饱和，中等密实—密实，主要成分是石英、长石，分选性差，磨圆度较好，含约20%的砾石；高程约52～62m为河床相黄褐色中粗砂，饱和，中等密实，主要成分是石英、长石，分选性一般，磨圆度较好；现代河床两侧有厚约4～5m的粉质黏土、杂填土。

解放路沂河大桥以下，沂河左侧有小皇山，右侧有银雀山、金雀山，沂河在该段摆动不大。根据陶然路沂河大桥下游约1000m处河槽底部沉积物样品的OSL年代（22.81±2.58ka），可以推断现在河床下方的基岩河槽为末次冰期最盛期时的沂河主河槽。陶然路沂河大桥附近剖面，图4-15中K6孔、K32孔到达基岩的高程均是52.36m，

K24 孔到达基岩的高程是 47.71m，在约 50.36m 以下形成了多个基岩河槽，总宽度约 1,374m（图 3-15 中水平虚线所示），河槽最深约 4.65m，总宽深比 295.55。

十五、沂河路沂河大桥附近断面

（一）典型钻孔沉积层特征

图 3-16 是根据沂河路沂河大桥工程地质钻孔资料绘制的沂河古河槽地质剖面示意图，选择图中 ZK2、ZK11 孔作为典型钻孔进行分析。

1. ZK2 孔沉积层特征

ZK2 孔孔口高程 63.03m，在高程 55.73m 处到达基岩，沉积物厚度 7.3m。63.03 ～ 61.53m 为黄褐色粉砂，稍湿、松散，含有少量的黏土；61.53 ～ 55.73m 为黄褐色中粗砂，以中砂为主，饱和、松散，砂成分主要为石英、长石等；55.73m 以下是砂岩，呈黄褐色，主要成分为石英、长石，岩石呈碎块状。

2. ZK11 孔沉积层特征

ZK11 孔孔口高程 60.03m，在高程 56.43m 处到达基岩，沉积层厚度 3.6m。60.03 ～ 59.63m 为黄褐色砾砂，主要成分为石英岩和石英砂岩；59.63 ～ 56.53m 为黄褐色中粗砂及砾砂，饱和、松散，成分主要为石英、长石；56.53 ～ 56.43m 为黄褐色砾砂，主要成分为石英岩和石英砂岩；56.43m 以下是角砾安山岩，深绿色，块状构造，角砾状结构。

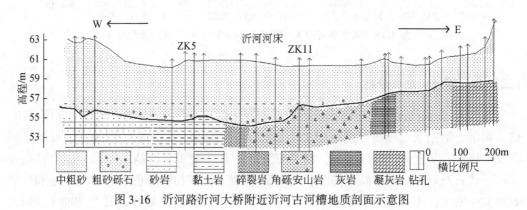

图 3-16　沂河路沂河大桥附近沂河古河槽地质剖面示意图

（二）古河槽地质剖面分析

根据钻孔及地质剖面可知，沂河路大桥附近的古河槽内，第四系沉积物厚度大部分为 3.0 ～ 7.0m。其中，粉砂主要分布于河道两侧的漫滩上，厚约 2 ～ 3m，东侧的粉砂层还含有少量黏土；中粗砂则分布于整个河道，厚约 3 ～ 5m；砾砂主要分布在沂河河道中间，呈透镜状产出，厚约 0～2m，砾石含量约占 20%，粒径 2～150mm。此外，古河槽中还充填了卵砾石和粗砂等沉积物。底部的沉积物以粗砂为主，卵砾石则零星分布于其中，呈透镜状产出，为黄褐色、灰紫色、饱和、稍密，卵石含量约 10%，砾石含量约 20%，粒径 2～45mm，砾石成分主要为砂岩、石英岩、安山岩、脉石英等，砂为中粗砂，成分主要为石英、长石，与底部基岩岩性基本相同，且磨圆度一般。

在沂河路大桥上游约 500m 处沂河河槽的底部约 55m 处采集的样品年代测试结果为 22.81±2.58ka，在沂河路大桥上游沂河右岸埋深 3.91～3.96m 处中砂层中采集的样品测试结果为 16.52±3.60ka。据此可以判断，孔 ZK1～ZK11 之间的河槽为末次冰期最盛期时的沂河古河槽。ZK11 孔到达基岩的高程是 56.43m，该高程基岩河槽的宽度约为 740m（图 3-16 中虚线所示），ZK9 孔到达基岩的高程是 54.03m，河槽深度约为 2.4m，宽深比为 308.34。

十六、罗程路沂河大桥附近断面

（一）典型钻孔沉积层特征

图 3-17 是根据罗程路沂河大桥工程地质钻孔资料绘制的沂河古河槽地质剖面示意图，现在河床大部分基岩出露，东西两岸有沉积层，东岸主要是杂填土河砂质黏土层，选择西岸 ZK3、ZK7 孔作为典型钻孔进行分析。

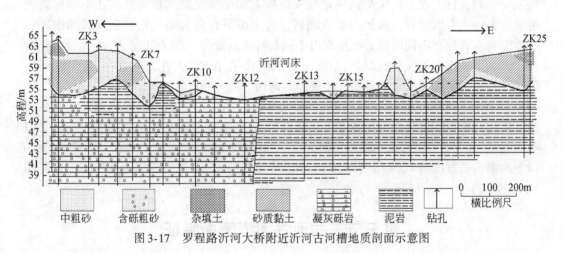

图 3-17 罗程路沂河大桥附近沂河古河槽地质剖面示意图

1. ZK3 孔沉积层特征

ZK3 孔孔口高程 61.90m，孔深 51.30m，在高程 54.20m 到达基岩，沉积层厚度 7.70m。61.90～60.50m 为细砂，浅黄色，松散，较均匀，级配差，含约 10% 中砂颗粒，上部见植物根系；60.50～57.30m 为粉质黏土，灰褐色-灰黄色，可塑，土层较均匀，韧性中等，干强度中等，切面稍光滑，见铁锰质锈色条纹；57.30～54.20m 为粗砂，灰黄-灰白色，饱和，中密，较均匀，级配一般，含少量砾砂颗粒，含约 20% 黏性土，局部见中砂夹层，呈灰黄色；54.20m 以下为基岩，其中 54.20~51.20m 为中风化砂质泥岩，棕红色–浅紫红色，层状构造不明显，细粒结构，泥质胶结，节理裂隙发育，取心较破碎，岩心呈短柱状、块状，易碎，砂质含量不均，以黏土矿物为主，含极少量石英及云母等；51.20m 以下为凝灰质砾岩。

2. ZK7 孔沉积层特征

ZK7 孔孔口高程 56.40m，孔深 59.50m，在高程 52.00m 到达基岩，沉积层厚度 4.4m。56.40~52.00m 为粗砂，褐黄色，湿—饱和，松散，矿物成分为长石、石英，颗粒均匀，分选好，砂质较纯；52.00m 以下为基岩，其中 52.00~49.60m 为中风化砂质泥岩，褐紫色，褐灰色，细粒结构，层状构造，泥质胶结，局部夹凝灰质砾岩，取心较破碎，岩心呈短柱状，易碎；49.60m 以下为凝灰质砾岩。

(二) 古河槽地质剖面分析

根据钻孔地质剖面可知，罗程路大桥附近的古河槽第四系沉积物厚度达到 2~8m。河道西侧的河槽内以侧积层理的方式从右到左依次沉积了粗砂、粉质黏土、粗砂、粉质黏土，漫滩上为细砂和杂填土。河道东侧的河槽内亦以侧积层理的方式依次沉积了细砂和粉质黏土，漫滩上为粗砂、粉质黏土、细砂和杂填土。河道中间大部分基岩出露，其中的两个小河槽均沉积了细砂，沉积厚度约 2m。

从图 3-17 可以看出，在 ZK12 和 ZK13 孔之间存在岩性接触带，岩性接触带西侧为凝灰质砾岩，自上而下依次是强风化凝灰质砾岩和中风化凝灰质砾岩，在不同标高处砾岩的岩性也有所差异。东侧为砂质泥岩，自上而下也分为强风化砂质泥岩和中风化砂质泥岩，岩性在不同深度处也呈现出不同的特征。此外，在 ZK7 至 ZK15 孔处进行物探，其结果也揭示了探测区域的地层结构在 ZK12 孔和 ZK13 孔之间存在岩性接触带，该岩性接触带呈北北东走向分布，接触面倾向西，倾角 70° 左右。

由于该研究剖面并没有采集相关的年代样品，与上游的几个剖面比对，末次冰期最盛期的河槽也应在现在河床范围内。图 3-17 中 ZK8 孔到基岩的高程是 56.35m，ZK7 孔到达基岩的高程是 52m，ZK19、ZK21 处到达基岩的高程均是 53.2m。高程 56.35m 以下河槽的总宽度约 1,289m（图 3-17 中水平虚线所示），最大深度为 4.35m，总宽深比为 296.3。

第三节　祊河古河槽断面特征

一、沂邳线祊河大桥附近断面

祊河干流区基本沿蒙山断裂展布，在区域地质上接近于蒙山断裂，沂邳线探沂—青驼祊河大桥位于探沂镇北，南北走向。

(一) 典型钻孔沉积层特征

图 3-18 是根据沂邳线祊河大桥工程地质钻孔资料绘制的祊河古河槽地质剖面示意

图，钻孔揭示，该段古河槽上部为第四系冲洪积的砂土、黏性土等覆盖层，厚度一般
3～10m左右；下伏基岩主要为白垩系青山群八亩地组，以中-基性火山岩发育为标志，
主要岩性为粗安岩、安山岩、角砾状安山岩、玄武质安山岩，安山质集块角砾岩、凝
灰岩、角砾熔岩等，发育多个火山沉积旋回，产状平缓，倾向北东20°～40°左右，倾
角10°～15°。选择西岸ZK4、ZK10孔作为典型钻孔进行分析。

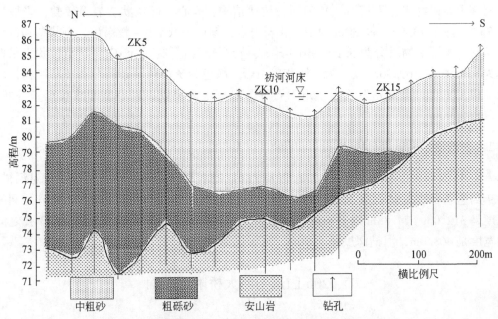

图3-18　沂邳线祊河大桥附近祊河古河槽地质剖面示意图

1. ZK4孔沉积层特征

ZK4孔孔口高程84.57m，孔深25.60m，在高程71.57m处到达基岩，沉积层厚度
13.0m。84.57～80.77m为浅黄色至黄褐色中粗砂层，松散—稍微密实，饱和，分选性
一般，磨圆度一般，主要矿物成分为石英、长石，局部见棕褐色粗砂夹层；80.77～
71.57m为黄褐色粗砾砂层，稍微密实—中等密实，饱和，分选性一般，磨圆度一般，
主要矿物成分为石英、长石，下部含有卵砾石，卵砾石直径为1～2cm左右；71.57m
以下为安山岩层，其中71.57～68.97m为强风化安山岩，颜色为红褐-紫红色，为斑状
结构，主要矿物成分为长石、角闪石，块状结构，遭受强烈风化，岩心呈碎块状，岩
石较软，采取率为75%左右；68.97～62.47m为中风化安山岩，颜色为灰褐色-紫褐
色，斑状结构，块状结构，主要矿物成分为长石、角闪石等，岩石较为坚硬，岩心成
块状至柱状，采取率为85%左右；62.47m以下为微风化安山岩，颜色为灰褐色-紫褐
色，斑状结构，块状结构，主要矿物成分为长石、角闪石等，岩石较为坚硬，岩心呈
短柱状至长柱状，采取率为90%左右。

2. ZK10孔沉积层特征

ZK10孔孔口高程81.80m，孔深18.60m，在高程75.00m处到达基岩，沉积层厚度

6.8m。81.80~77.00m 为浅黄色–黄褐色中粗砂，松散—稍微密实，饱和，分选性一般，磨圆度一般，主要矿物成分为石英、长石，局部见棕褐色粗砂夹层；77.00~75.00m 为黄褐色粗砾砂层，稍微密实—中等密实，饱和，分选性一般，磨圆度一般，主要矿物成分为石英、长石，下部含有卵砾石，卵砾石直径为 1~2cm 左右；75.00m 以下为安山岩层，其中 75.00~73.50m 为强风化安山岩，颜色为红褐–紫红色，为斑状结构，主要矿物成分为长石、角闪石，块状结构，岩心呈碎块状，岩石较软，采取率为 75% 左右；73.50~69.30m 为中风化安山岩，颜色为灰褐色–紫褐色，斑状结构，块状结构，主要矿物成分为长石、角闪石等，岩石较为坚硬，岩心成块状至柱状，采取率为 85% 左右；69.30m 以下为微风化安山岩，颜色为灰褐色至紫褐色，斑状结构，块状结构，主要矿物成分为长石、角闪石等，岩石较为坚硬，岩心呈短柱状至长柱状，采取率为 90% 左右。

（二）古河槽地质剖面分析

图 3-18 中可以看出，ZK3~ZK6 以及 ZK6~ZK9 存在着两组较为明显的相对深槽。ZK9 到达基岩的高程是 74.88m，ZK13 到达基岩的高程是 76.47m。ZK1~ZK9 孔之间的宽度是 312.0m，74.88m 以下河槽深度是 3.31m，宽深比为 94.26。ZK1~ZK13 孔之间的宽度是 468.0m，河槽深度是 4.90m，宽深比为 95.51。

二、206 国道祊河大桥附近断面

206 国道祊河大桥位于义堂镇北营子村东，河东西两岸高程 95.2~98.3m，河道内地形相对平缓，高程在 93.0~94.0m，最大高差 5m 左右。

（一）典型钻孔沉积层分析

图 3-19 是根据 206 国道祊河大桥工程地质钻孔绘制的古河槽地质剖面图，选择图中 ZK10、ZK13、ZK24、ZK25 孔作为典型钻孔进行分析。

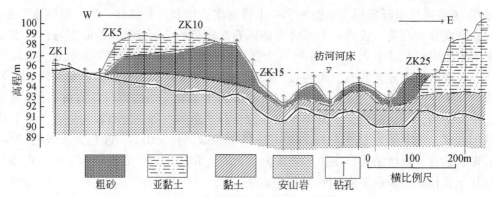

图 3-19 206 国道祊河大桥附近祊河古河槽地质剖面示意图

1. ZK10 孔沉积层分析

ZK10 孔孔口高程 98.82m，孔深 20.20m，在高程 93.82m 处到达基岩，沉积层厚度 5.00m。98.82~97.32m 为黄褐色亚黏土，可塑—硬塑，较均匀，很湿，含少量砂粒和铁锰结核；97.32~94.82m 为黄褐色粗砂，松散，湿，分选中等，磨圆度较好，含少量砾石；94.82~93.82m 为灰黑色黏土，较均匀，饱和，可塑—硬塑，底部含少量砾砂及钙质结核；93.82~91.82m 为强风化安山岩，灰绿色、灰褐色，岩石风化成土状夹碎块状；91.82m 以下为弱风化安山岩，灰褐色、浅紫红色，斑状结构，角砾状构造，岩石节理裂隙较发育，较破碎，岩心呈碎块状、块状。

2. ZK13 孔沉积层分析

ZK13 孔孔口高程 98.40m，孔深 23.50m，在高程 93.60m 处到达基岩，沉积层厚度 4.80m。98.40~95.60m 为黄褐色粗砂，松散，湿，分选中等，磨圆度较好，含少量砾石；95.60~93.60m 为灰黑色黏土，较均匀，饱和，可塑—硬塑，底部含少量砾砂及钙质结核；93.60~91.70m 为强风化安山岩，灰绿色、灰褐色，岩石风化成土状夹碎块状、角砾状，岩心较少；91.70m 以下为弱风化安山岩，灰褐色、浅紫红色，斑状结构，角砾状构造，岩石节理裂隙较发育，较破碎，岩心呈长柱状、短柱状，局部易碎。

3. ZK24 孔沉积层特征

ZK24 孔孔口高程 94.84m，孔深 17.60m，在高程 90.04m 处到达基岩，沉积层厚度 4.80m。94.84~91.84m 为黄褐色粗砂，松散，较均匀，湿，分选中等，磨圆度较好，含少量砾砂；91.84~90.04m 为灰黑色黏土，较均匀，饱和，可塑—硬塑，底部含少量砾砂及钙质结核；90.04~89.54m 为强风化安山岩，灰绿色、灰褐色，岩石风化成土状夹碎块状，岩心较少；89.54m 以下为弱风化安山岩，灰褐色、浅紫红色，斑状结构，角砾状构造，岩石节理裂隙较发育，较破碎，岩心呈碎块状、块状。

4. ZK25 孔沉积层特征

ZK25 孔孔口高程 95.51m，孔深 16.00m，在高程 92.51m 处到达基岩，沉积层厚度 3.00m。95.51~93.11m 为黄褐色粗砂，松散，湿，分选中等，磨圆度较好，含少量砾石；93.11~92.51m 为灰黑色黏土，较均匀，饱和，可塑—硬塑，底部含少量砾砂及钙质结核；92.51~91.31m 为强风化安山岩，灰绿色、灰褐色，岩石风化成土状夹碎块状；91.31m 以下为弱风化安山岩，灰褐色、浅紫红色，斑状结构，角砾状构造，岩石节理裂隙较发育，较破碎，岩心呈碎块状、块状。

（二）古河槽地质剖面分析

在 206 祊河大桥上游现在河道西侧埋深 1.82~2.36m 处沉积物主要为黏土，呈灰黑色，可塑—硬塑，局部含淤泥质土，稍软，饱和，含较多砂粒及钙质结核，在埋深 1.82~

1.84m 以及2.34~2.36m 处分别采集到沉积物样品，经 ^{14}C 年代测定分别为 12,210±50a BP、14,020±60a BP。图 3-19 中 ZK10、ZK13 孔灰黑色黏土层处于同一层位，据此可以推断，河床底部的基岩河槽为末次冰期最盛期的祊河河槽。

ZK25 孔在高程 92.51m 到达基岩，92.51m 以下为深基岩河槽，河槽的总宽度（图 3-19 中沉积层中虚线）约 245m，深度 2.47m，宽深比为 99.19。最深的基岩河槽的宽度是 140.0m，宽深比为 56.68。

三、角沂橡胶坝附近断面

角沂橡胶坝附近祊河河床及两侧滩地广泛分布有第四系河流冲积物，河床基岩大多出露。该剖面附近主要地层自上而下分为五层。

1. 壤土层

灰黄色，湿，可塑，不均匀，为人工填筑堤防土，含较多砂、碎石等。该层只在两岸堤防分布，厚度 2.50~2.60m，平均 2.55m；层底高程 71.90~72.70m，平均 72.30m。

2. 细砂层

黄褐色，湿，松散，主要为长石、石英质。主要分布在左岸滩地顶部，厚度 2.10~2.40m，平均 2.27m；层底高程 67.90~68.20m，平均 68.03m。

3. 粗砂层

灰黄色，湿，松散—稍密，顶部含较多碎石。主要分布在左岸滩地中下部，厚度 0.90~2.70m，平均 1.56m；层底高程 64.61~66.70m，平均 65.74m。

4. 壤土层

黄褐色，稍湿，可塑偏硬，顶部含较多砂。主要分布在两岸阶地，厚度 0.40~9.00m，平均 4.53m；层底标高 63.70~66.80m，平均 65.40m。

5. 风化安山岩

（1）强风化安山岩，灰黄色，块状构造，斑状结构，岩心呈碎块状，手易折断。普遍分布，厚度 3.00~5.30m，平均 4.16m；层底高程 58.91~63.50m，平均 62.07m。

（2）中风化安山岩，灰红色，块状构造，斑状结构，岩心呈短柱状，锤击声脆，岩石坚硬破碎，该层未穿透。

图 3-20 为根据角沂橡胶坝工程地质钻孔绘制的角沂橡胶坝附近祊河古河槽地质剖面示意图。

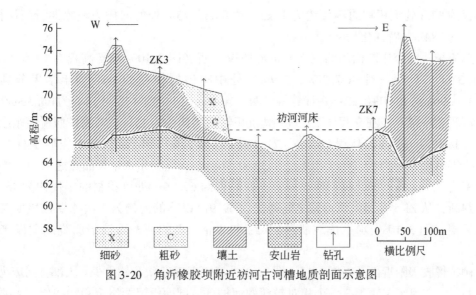

图 3-20　角沂橡胶坝附近祊河古河槽地质剖面示意图

第四节　末次冰期最盛期以来沂河古河道特征

一、沂河古河槽年代的推断

澳柯玛沂河大桥附近沂河西岸剖面（表2-1）埋深2.49~2.55m、2.28~2.34m处样品的年代结果分别是4.03±0.23ka、3.82±0.22ka，两个样品点之间的平均沉积速率约为95.3cm/ka，据此推算埋深约12m处沉积年代约为15ka。澳柯玛沂河大桥剖面东西两侧的高程约97m（图3-6中ZK1孔的孔口高程是96.45m），按采样剖面的埋深年代计算，高程约85m处的沉积物年代约为15ka。图3-6中ZK15孔处为基岩埋藏阶地，高程为84.95m，该断面约84.95m以下的基岩河槽为末次冰期最盛期的古河槽，ZK7孔到达基岩的高程是81.83m，基岩河槽最大深度为3.12m，最大宽度（图3-6中ZK2~ZK15）为471m，河槽宽深比为150.96。据上述年代推算，埋藏基岩河槽的高程约87.86m处沉积物年代约为12ka，ZK1孔到达基岩的高程是87.35m，河床也按相同的沉积速率计算，高程约87.35~85.45m的河槽为晚冰期（12ka）沂河河槽，河槽宽约540m，宽深比为284.2。高程约92.6m处沉积物的年代约为7ka，约92.6~90.2m的河槽为全新世大暖期时的沂河河槽，宽约550m，深2.4m，宽深比为229.2。

在洙阳村断面沂河东岸剖面（表2-1、表3-6），高程83.7m、85.48m处中粗砂层样品的OSL测年结果分别为11.02±0.44ka、10.27±0.51ka，计算得出两个样品点之间的平均沉积速率为238cm/ka，按此沉积速率推算，在高程约75.3m处沉积物的年代约为15ka。在西岸剖面（表2-1、表3-6）高程约82.9m处样品的年代为13.00±1.10ka，按上述沉积速率推算，在高程约75.76m处沉积物的年代约为15ka。据此判断，该剖面约75m以下的基岩河槽为末次冰期最盛期的沂河河槽（图3-8），古河槽总宽度约704m，最深处在高程约68.1m处到达基岩，河槽最深约6.9m，河槽宽深比为102.03。

在高程约 83m 处沉积物的年代约为 12ka，约 83m ~ 75m 处的河槽为晚冰期沂河河槽，河槽宽约 784m，宽深比为 98。

船流街—解家庄断面的船流街北沂河西岸剖面（图 3-10）顶部高程为 79.0m，高程 71.62m、73.1m（埋深 7.38m、5.9m）处中粗砂层样品的 OSL 测年结果分别为 11.00±0.90ka、8.70±0.22ka，计算得出两个样品点之间的平均沉积速率为 64.3cm/ka，按此沉积速率推算，在高程约 70.33m 处沉积物的年代约为 15ka；解家庄西沂河东岸剖面顶部高程为 76.0m，高程 70.4m、71.4m（埋深 5.6m、4.6m）处中粗砂层样品的 OSL 测年结果分别为 13.00±1.10ka、8.30±0.70ka，计算得出两个样品点之间的平均沉积速率为 22cm/ka，按此沉积速率推算，在高程约 69.96m 处沉积物的年代约为 15ka。据此判断，从 ZK5 孔至滨河西路之间高程约 69.9m 以下的河槽为末次冰期最盛期时的沂河河槽（图 3-10 中水平虚线所示），约 69.9m 以上的河槽为该剖面晚冰期以来的河槽。

柳杭橡胶坝附近剖面（图 3-11、图 3-12），现代河床上沉积物很少，大部分河床为出露的基岩，在河床左侧，有一个相对较深的河槽。该剖面沂河两岸沉积物相似，主要是砂质黏土、亚黏土等，在现代河床东侧阶地上的河漫滩相砂质黏土中泥炭的 [14]C 年代为 9,495±35a BP，据此可以判定，全新世之前的沂河主河槽就位于现在河床的范围之内。

根据祊河大桥南岸剖面埋深 4.38m 处沉积物样品的 [14]C 年代（14,020±60a BP）可以推断，解放路沂河大桥附近剖面钻孔 K1 ~ K7 之间高程约 55m 以下的河槽为末次冰期最盛期时的祊河河槽，钻孔 K36 ~ K57 之间高程约 55m 以下的河槽为末次冰期最盛期时的沂河河槽（图 3-14 中水平虚线所示）。末次冰期最盛期，在该断面附近祊河尚未汇入沂河，晚冰期以来，随着气候变暖、降水增多等，两河在此汇合。高程约 55m 以上的河槽为晚冰期以来的沂河河槽。

解放路沂河大桥以下，沂河左侧有小皇山，右侧有银雀山、金雀山，沂河在该段摆动不大。根据陶然路沂河大桥下游约 1km 处河槽底部沉积物样品的 OSL 年代（22.81±2.58ka），可以推断末次冰期最盛期以来的沂河主河槽位于现在河床的下方。

二、沂河古河槽宽深比

（一）末次冰期最盛期时沂河古河槽的宽深比

根据沂河中下游几个断面的年代分析，沂河古河槽断面中最下部的基岩河槽，为末次冰期最盛期沂河古河槽，根据各断面形态，推断计算的古河槽宽深比见表 3-8。

表 3-8　沂河各断面末次冰期最盛期基岩古河槽宽深比

沂河断面位置	古河槽标高/m		古河槽深度/m	古河槽宽度/m	宽深比
	槽顶标高	槽底标高			
沂水县南大桥	117.8	113.5	4.3	370	86.0
沂水芭山橡胶坝	118.0	112.9	5.1	388	76.1

沂河断面位置	古河槽标高/m		古河槽深度/m	古河槽宽度/m	宽深比
	槽顶标高	槽底标高			
沂水北社橡胶坝	120.0	114.2	5.8	345	59.5
沂水南王庄沂河大桥	110.2	107.8	2.4	205	85.4
336 省道沂河大桥	96.6	93.1	3.5	478	136.6
沂南澳柯玛大桥	85.0	81.9	3.1	471	147.2
沂南葛沟橡胶坝	85.3	80.8	4.5	124	27.7
洙阳村附近断面	75.0	68.1	6.9	704	102.2
船流街—解家庄断面	69.9	59.9	10.0	925	92.5
柳航橡胶坝	69.5	68.2	1.33	234	175.9
南京路沂河大桥	64.47	62.24	2.23	849	380.72
解放路沂河大桥	55.09	47.26	7.83	550	70.24
陶然路沂河大桥	52.36	47.71	4.65	1374	295.55
沂河路沂河大桥	56.43	54.03	2.4	740	308.34
罗程路沂河大桥	56.35	52.0	4.35	1289	296.3

(二) 晚冰期以来沂河古河槽宽深比

晚冰期以来的沂河河床由于河道挖沙等人为因素，多数河段的沉积层已被破坏，晚冰期以来的河槽只能根据各断面河槽形态及现代河床位置进行推断。葛沟橡胶坝以上的断面，由于缺乏年代支撑，只能根据断面下伏基岩河槽的情况笼统判断。

沂水县沂河南大桥断面约 117.8m 到约 126m 为晚冰期以来的沂河河床沉积，沉积层厚度达到八米多，整个断面除了在约 118~120m 有部分砂质黏土沉积层以外，其他全是河床相砂砾层，河床的宽度应在 600m 以上。芭山橡胶坝附近断面，约 118m 以上至约 129m 为晚冰期以来的沂河河床沉积，砂砾层的厚度最大达 10m 以上，从剖面形态看，河床右侧所绘制断面以外还有河床沉积，河床的宽度应在 640m 以上。北社橡胶坝附近断面约 119~120m 以上为晚冰期以来的河床沉积，沉积层的厚度为 5~6m，该断面左右两侧均还有河床相砂砾层，说明河床的宽度不止限于断面范围，对照上游的芭山橡胶坝附近，该断面河床宽度至少也应在 640m 以上。沂水南王庄沂河大桥附近断面，约 110.2m 以上为晚冰期以来的河床沉积，沉积层最厚达到 15m 以上，最薄 (ZK10) 也到达 7.6m，该断面两侧仍然是河床相砂砾层，断面宽度约 687m，河床宽度至少应在 690m 以上。S336 沂河大桥附近断面，约 96.6m 以上为晚冰期以来的河床沉积，沉积层的厚度约 10~14m，该断面两侧也是河床相砂砾层，断面宽度约 640m，河床宽度至少在 640m 以上。沂南澳柯玛大道沂河大桥附近断面，约 84.95m 以上为晚冰期以来的河床沉积，沉积层的厚度 10m 左右，该断面两侧仍然是河床相砂砾层，断面宽度约 650m，河床宽度至少在 650m 以上。葛沟橡胶坝附近断面，由于大部分基岩出露，晚冰期以来的河槽基本上在河床范围内，宽度约 390m。

洙阳村附近断面在高程 88.3m 处样品的 OSL 测年结果分别为 10.27±0.51ka，该断面约 76～88m 的基岩河槽为晚冰期时的沂河河槽，河槽宽度约 800m，宽深比为 66.7。该断面附近人为挖沙使现代河床降低，现在河床基本上是全新世以来的河床，该剖面两侧仍然是河床相砂砾层，说明全新世时河床的最大宽度应在 950m 以上，现在河流两侧一级阶地高程约 95m，现在河床的高程约 83m，宽深比约为 79.17。船流街—解家庄断面现在河床西侧剖面高程 71.62m 处样品的 OSL 测年结果为 11.00±0.90ka，河床东侧剖面 71.4m 处样品的 OSL 测年结果为 8.30±0.70ka，约 69.0～71.5m 的沉积层为晚冰期沉积，河床右侧是基岩阶地，河床左侧剖面 70.4m 处样品的 OSL 测年结果为 13.00±1.10ka，左侧晚冰期的河床应在滨河东路以东（图 3-10），河床宽度至少在 1,300m 以上，河槽深度按 7.5m 计算，宽深比约为 173.3。约 70m 以上到现在河床为全新世以来沉积，河床相沉积层的宽度至少在 1,190m 以上，现代河床两侧阶地的高度约为 79m，宽深比约为 132.2。柳航橡胶坝附近断面大部分基岩出露，河床两侧沉积的主要是黏土、砂质黏土，晚冰期以来的河床就在现在河床的范围内。解放路沂河大桥附近断面约 55m 以上的沉积是晚冰期以来的河床沉积，整个剖面除河床左侧沉积了部分砂质黏土外，其他均是河床相砂砾层，晚冰期以来的河床左侧基本上到现在河床左侧的范围，右侧超过了现在河床范围，河床的宽度在 1,560m 以上，沉积层厚度在 10m 以上，宽深比约为 156。陶然路沂河大桥附近断面约 53m 以上是晚冰期以来的沉积层，河床相砂砾层的厚度约为 10m，从剖面图来看，两侧均是河床相砂砾层，说明河床的宽度至少 1,750m，宽深比至少 175。沂河路沂河大桥附近剖面约 56.33m 以上为晚冰期以来的沉积，沉积层厚度 4～6m，从剖面图可以看出，整个图全是河床相砂砾层，河床的宽度与陶然路沂河大桥附近差不多，宽深比约为 291.67。罗程路沂河大桥附近剖面现在河床大部分基岩出露，晚冰期以来的河床基本上在现在河床范围内，现在河床左侧阶地沉积的砂质黏土，右侧阶地沉积了部分粗砂层，现在河床的底部高程约 54m，两侧阶地的高度约 61m，有河床相沉积层的宽度约 1,530m，宽深比约 218.57。

三、沂河古河槽纵比降变化

根据沂河干流上各相邻断面之间的距离与到达基岩最深处的高程，计算相邻剖面之间古河槽的纵比降，计算结果见表 3-9。

船流街附近到基岩的深度较大主要因为河槽底部基岩是褐色强风化砂岩、火山碎屑岩等，并存在多条断裂，在断裂岩性接触带，屈服应力远小于周围围岩（武红岭和张利荣，2002），岩层破碎，容易侵蚀。而柳杭橡胶坝附近断面，河槽基岩是红色砾岩，没有断裂带，抗侵蚀能力稍强。

解放路沂河大桥、陶然路沂河大桥附近形成深切，主要是由于河槽底部埋藏基岩岩性复杂，有泥岩、砂岩、石灰岩、安山岩、闪长岩等，多断裂破碎带，抗侵蚀能力弱，还有溶洞、裂隙发育。另外，沂河最大的支流祊河在该段汇入，也是该段下切较深的原因之一。

表 3-9　沂河古河槽到基岩最深处的纵比降

断面	断面之间的 距离/km	相邻断面基岩最 深处高程差/m	平均纵比降/‰
沂水南大桥—芭山橡胶坝	0.82	0.59	0.720
芭山橡胶坝—北社橡胶坝	4.4	-1.29	-0.293
北社橡胶坝—南王庄大桥	1.5	6.4	4.267
南王庄大桥—S336 大桥	16.8	14.7	0.875
S336 大桥—澳柯玛大道大桥	7.9	11.27	1.427
澳柯玛大道大桥—葛沟橡胶坝	10.1	1.08	0.107
葛沟橡胶坝—洙阳断面	2.1	14.65	6.976
洙阳断面—船流街断面	12.7	6.2	0.488
船流街断面—柳航橡胶坝	10.2	-8.3	-0.814
柳航橡胶坝—南京路大桥	3.2	5.96	1.863
南京路大桥—解放路大桥	7.0	14.98	2.140
解放路大桥—陶然路大桥	2.8	-0.45	-0.161
陶然路大桥—沂河路大桥	2.8	-6.32	-2.257
沂河路大桥—罗程路大桥	6.1	2.03	0.333

四、古河道形态的判断

（一）Schumm 河道形态判断

美国学者 Schumm（1972）利用河道宽深比和弯曲率划分出了顺直河流、弯曲河流、辫状河流和分汊河流四种河型（表 3-10）。

表 3-10　依据河道弯曲度率和宽深比的河型分类

河型	弯曲率	宽深比	河道本身特性
顺直河流	<1.2	<40	单一
弯曲河流	>1.2	<40	单一
辫状河流	<1.3	>40	多变化
分汊河流	>2.0	<10	多稳定

（二）　河床比降–河宽法河型判断

关于冲积河流的河型问题，Leopold 和 Wolman（1957）提出了著名的基于比降和流量的判别关系，Leopold-Wolman 关系即表达了这一临界条件：$S=0.012Q^{-0.44}$（式中 S 为比降，Q 为平滩流量），当给定 Q 时，若 $S>0.012Q^{-0.44}$ 则发生分汊。这一关系在世界上得到了广泛应用，但该关系式并没有对砂质河床和砾石河床进行区分。随后的研究发现，该关系式不能很好地适用于所有河流（许炯心，1999；Carson，1984）。为了使所建立的关系具有广泛的代表性，许炯心（2004）搜集了中国和世界上不同地区两百多条冲积河流的资料，这些河流床沙中值粒径变化于 0.06～229mm 之间，平滩流量变化于 2～56000m³/s 之间，中值粒径大于 2mm 者为砾石河流，小于 2mm 者为砂质河流，对 Leopold-Wolman 的比降–流量关系进行了验证。研究发现，在包括砂质和砾石河床在内的所有冲积河流中，比降与河宽对河道特性特别是河型特征的影响是不同的。比降通过对能耗的影响反映河道的输沙特性。砾石河床以推移质输沙为主，砂质河床以悬移质输沙为主，故同流量下前者比降大于后者；与此同时，在同样床沙类型的条件下，分汊型的推移质输沙强度大于弯曲型，故分汊型的比降亦大于弯曲型。河宽则反映河道边界的可冲刷性，同时也决定了横向上流场与环流型式的分布，同流量下河宽较大则容易分汊，河宽较小则易发育成为弯曲河型。以此建立了以比降和河宽来判别河型的新关系，这一关系综合反映了河流在纵向上的能耗、阻力与输沙特性与在横向上的流场与环流分布特性的组合关系，经检验对于包括砾石和砂质河床在内的河型均具有很好的判别效果。图 3-21 中绘出了弯曲型和分汊型临界线：$S=2.54W^{-1.44}$，砂质河床和砾石河床之间的临界线：$S=0.0019W^{-0.25}$。该两条分界线将整个平面分成四个区域，分别为砾石河床弯曲型、砾石河床分汊型、砂质河床弯曲型、砂质河床分汊型。

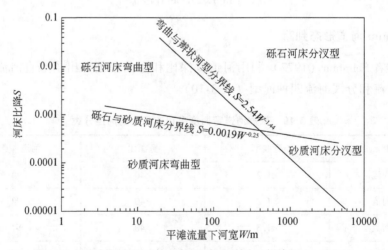

图 3-21　平滩流量下河床比降–河宽的关系（据许炯心，2004）

五、古沂河河型

(一) 根据河道弯曲率和宽深比判断的河道类型

利用各研究断面的古河槽宽深比，根据河道弯曲率公式 $P=3.5F^{-0.27}$（P 为弯曲率，F 为宽深比）计算各断面末次冰期最盛期的河道弯曲率。

计算结果见表 3-11。

表 3-11　沂河各断面古河槽宽深比和弯曲率

河槽断面	宽深比（F）	弯曲率（P）
沂水沂河南大桥	86.25	1.051
芭山橡胶坝	76.23	1.086
北社橡胶坝	59.48	1.161
沂水南王庄沂河大桥	86.50	1.050
S336 沂河大桥	136.57	0.928
沂南澳柯玛大道沂河大桥	166.67	0.879
葛沟橡胶坝	27.07	1.437
洙阳村断面	72.42	1.101
船流街—解家庄断面	92.5	1.023
柳航橡胶坝	175.94	0.867
南京路沂河大桥	380.72	0.704
解放路沂河大桥	70.24	1.111
陶然路沂河大桥	295.55	0.753
沂河路沂河大桥	329.56	0.732
罗程路沂河大桥	296.3	0.753

从表 3-11 中计算结果可以看出，除了葛沟橡胶坝附近剖面以外，研究河段各断面的沂河古河槽宽深比均大于 40，弯曲率均小于 1.3。对照 S. A. Schumm 的河型分类表，可以判断末次冰期沂河流出沂水县城以后为辫状河，河道多变化。葛沟橡胶坝附近，弯曲率大于 1.2，宽深比小于 40，对照表 3-10，该段为弯曲河型。

(二) 根据河床比降和河宽判断的河道类型

根据沂河各研究断面的形态、相邻断面形态等，各断面河床宽度及河床比降情况见表 3-12。

表 3-12　沂河各研究断面河宽与河床比降

河槽断面	河床宽度（W）	河床比降（S）
沂水沂河南大桥	370	0.006
芭山橡胶坝	388	0.0011
北社橡胶坝	345	0.0004
沂水南王庄沂河大桥	205	0.0024
S336 沂河大桥	478	0.0009
沂南澳柯玛大道沂河大桥	520	0.0015
葛沟橡胶坝	124	0.0001
洙阳村断面	717	0.0052
船流街—解家庄断面	925	0.0012
柳航橡胶坝	234	0.0005
南京路沂河大桥	849	0.0019
解放路沂河大桥	550	0.0163
陶然路沂河大桥	1,374	0.0011
沂河路沂河大桥	758	0.0022
罗程路沂河大桥	1,289	0.0004

　　对照许炯心（2004）根据河宽、比降的河型分类，沂水南沂河大桥附近、芭山橡胶坝附近为砾石河床分汊型，北社橡胶坝附近为砂质河床弯曲型，沂水南王庄沂河大桥、S336 沂河大桥、澳柯玛大道沂河大桥附近为砾石河床分汊型，葛沟橡胶坝附近为砂质河床弯曲型，洙阳村附近为砾石河床分汊型，船流街—解家庄段为砂质河床分汊型，柳航橡胶坝附近为砂质河床弯曲型，南京路以下均为砾石河床分汊型。

　　对比根据 S. A. Schumm 的河型分类和许炯心河型分类，沂河各段的河型分类基本一致。

第四章 沂河古流量的计算

第一节 河流古流量研究进展

一、国外河流古流量研究进展

20 世纪 50 年代开始，国外有了古水文研究。Leopold 和 Miller 1954 年首先使用了"古水文学"一词。Schumm（1965）把"古水文学"定义为"研究地球上首次出现降水到有历史水文记载以前的古代景观中的水分及其组成、分布和运动的学科"。接着许多学者对古水文做了大量研究工作。这些研究一部分是结合古河道的切割、堆积充填物进行的，一部分是结合现代河道内洪泛沉积物进行的。美国学者 G. 佩蒂斯和 I. 福斯特（1987）总结出用古河床形态和古洪水冲积物研究古流量的三种方法：一是根据现代河流建立河床形态与流量（通常是满槽流量）之间的经验公式，这种关系可用来确定与古河道形态相应的水文条件；二是在谢才-曼宁均匀水流公式基础上，利用稳定流的理论结合野外测定古河床横断面形态、坡降和糙率来估算古水文；三是通过测定粗粒洪水堆积物，应用泥沙粒径和水流参数之间的水力学关系来估算瞬时流速河流量。Maizels（1990）根据古河槽和古沉积估算了阿曼上新世—更新世古河流的满槽流量和洪峰流量。Sidorchuk 等（Sidorchuk and Borisova，2000）利用古地理相似法估算了俄罗斯 Khoper River 古河槽的流量，发现在冰缘环境下如果降水增加 20%，就可能导致比现在大 7 倍的流量。随后 Sidorchuk 等（Sidorchuk et al.，2003，2009）、Borisova 等（Borisova et al.，2006）对俄罗斯境内 Dnieper、Seim 等河流的古流量进行了研究。Schumm（1968）对澳大利亚 Murrumbidgee 河古流量进行了估算，Kemp 等（Kemp and Spooner，2007；Kemp and Rhodes，2010）根据对古河槽和阶地的研究，估算了澳大利亚南部内陆河流的古流速和古流量。Dury（1965，1976）对美国及欧洲中西部的一些河流进行了古流量估算。Kale（1999；Kale et al.，2000）、Sridhar（2007）等对印度中西部的河流古流量进行了恢复。Maizels（1983）、Williams（1988）、Rotnicki（1983）、Baker（1973）、O'Connor 和 Vebb（1988）等也根据古河槽形态与古沉积对不同时期的古流量进行了估算。Gupta 等（2007）、Toucanne 等（2010）、Westaway 和 David（2010）等对英吉利海峡上的古河道的形成原因、年代及古流量等进行了详细研究。

二、国内河流古流量研究进展

国内对于古流量的研究相对较少。中国科学院地理研究所等（1985）将恢复的安庆附近的古河道形态参数和河床粗糙度代入曼宁公式，估算出 5000 年前长江的平滩古流量为现在流量的 1.3 倍。曹光杰等（2009）根据钻孔剖面揭示的河槽断面以及沉积动力学分析，估算出末次冰期最盛期南京附近长江的满槽流量大约为 12,000 ~ 16,000m³/s。刘奎等（2009b）根据高分辨率地震地层和浅地层剖面恢复了长江口外陆架区 60 个古河槽断面，并利用经验公式估算了古长江河道的平均流量为 535.24m³/s，最大断面的古流量为 20,433m³/s。王红亚和石元春（1992）利用 Langbein 和 Schumm 的方法，估算了镇江、太湖和上海地区晚更新世寒冷期（冰期）和全新世的年均地表径流量。另外，曹银真（1989）利用 Schumm 的方法估算的滦河全新世中期的古流量比现在多一倍。杨达源和谢悦波（1997a，c）、詹道江和谢悦波（1997）根据古洪水的水位和行洪断面计算了黄河小浪底、淮河响洪甸、长江三峡三斗坪、海河黄壁庄等地的古洪峰流量。

这些研究加深了人们对于所在地区过去河流水分循环和水量平衡的理解，促进了对于过去河道地貌发育过程与机制的认识，促进了对过去环境演变的认识。

第二节　古流量的计算方法

过去水循环的特征及其在过去环境变化中的重要作用是研究过去全球变化的主要内容之一。地表径流是水循环的重要环节，河流又是地表径流最主要的过程，研究河流成为地表水循环和水量平衡不可或缺的内容，因此近年来河流古流量研究受到研究者的广泛关注。过去河流堆积物及其河床形态隐含着一系列的古水文信息，借助于古河床形态及其堆积物等研究古水文是常用的研究手段之一。河流古流速、流量的估算结果可以反映出古河道的冲刷与沉积的演变过程。对古流量进行研究将为深入理解过去气候变化、讨论人类与环境变化的互动关系以及环境因素在文明形成中的作用提供重要的依据。

一、河相关系法

冲积河流通过自动调整作用处于平衡状态时，其断面形态、纵剖面形态与流域因素之间存在某种定量的关系，被称为河相关系（倪晋仁和张仁，1992）。Reineck H. E. 等认为河道某一断面的形态取决于水流方式、通过该剖面沉积物的数量、河流性质、组成河岸及河底物质的特征等。一般冲积河流通过自动调整作用处于准平衡状态时，其断面形态及纵剖面形态与流域因素之间存在某种定量的关系，即河相关系。代表流域因素的变量通常被视为主变量（流量、上游来沙量及河槽泥沙的代表粒径或河谷比降），代表河流纵横剖面的变量是因变量（水深、河宽、比降以及水流流速）（倪晋仁和马蔼乃，1998）。冲积性河流的形成发育与演变过程都遵循着动力与形态由适应到不适应再到适应这样的循环过程，所以，形态反映了动力特征（Cao，1991）。因此，许多学者借助于建立河床几何形态参数与流量之间的关系来确定与古河道形态相适应的水文要素，这是目前研究古水文学的较普遍方法。

最初寻找这种河相关系的是 Jefferson，1902 年他指出河床几何形态与流量之间存在着一定的函数关系（Gregory，1983）。后来的研究者提出了一系列计算古水文古流量的公式。

Carlston（1965）提出了河床几何形态与流量之间的关系，同时指出了误差范围：

$$L_m = 106 Q_m^{0.46} \quad \text{SD} = 11.8\% \tag{4-1}$$

$$L_m = 8.2 Q_b^{0.62} \quad \text{SD} = 25\% \tag{4-2}$$

$$W_m = 65.8 Q_m^{0.47} \quad \text{SD} = 23\% \tag{4-3}$$

式中 L 为河曲波长，W 为河宽（以英尺 ft[①] 计），Q 为流量（以 ft/s 计），SD 为标准差。

Dury 在 1964 年提出了"河床不对称理论"（Dury，1964），他发现许多中纬度河流大多是不对称的，指出河床尺寸是古流量的预报器，建立了以下估算不对称河谷发育时的古流量关系式：

$$Q_b = (W/2.99)^{1.81} \tag{4-4}$$

$$Q_b = (L/32.857)^{1.81} \tag{4-5}$$

他还在建立计算古流量的最后转换方程的基础上，提出了新的河床主要参数与流量关系的方程：

$$Q_b = [(W/2.99)^{1.81} + (L/32.857)^{1.81} + 0.83 A_c^{1.09} P]/3 \tag{4-6}$$

式中 Q_b 为平滩流量，以 m³/s 计，W 为河宽，L 为河曲波长，以 m 计，A_c 为古河床断面面积，P 为古河曲曲率。

Schumm（1967，1968，1969）认为河床形态以及几何参数不仅取决于流量，而且与河床周界的阻力有关，不但考虑了动力（水流）与形态（河床形态）之间的关系，还引入了物质（粉砂-黏土含量）这一变量，较全面地探讨了动力、形态和物质三者之间的相互关系，提出了一系列关系式（曹银真，1988）：

$$M = \frac{M_c + W + M_b + 2H}{W + 2H} \tag{4-7}$$

$$F = 255 M^{-1.08} \quad r = 0.91, \ \text{SD} = 20\% \tag{4-8}$$

$$P = 0.94 M^{0.25} \quad r = 0.91, \ \text{SD} = 6\% \tag{4-9}$$

$$P = 3.5 F^{-0.27} \quad r = 0.89, \ \text{SD} = 6\% \tag{4-10}$$

$$W = 37 \frac{Q_m^{0.38}}{M^{0.39}} \quad r = 0.93, \ \text{SD} = 14\% \tag{4-11}$$

$$H = 0.6 M^{0.34} Q_m^{0.29} \quad r = 0.89, \ \text{SD} = 13\% \tag{4-12}$$

$$F = 56 \frac{Q_m^{0.10}}{M^{0.74}} \quad r = 0.93, \ \text{SD} = 15\% \tag{4-13}$$

$$L = 1890 \frac{Q_m^{0.34}}{M^{0.74}} \quad r = 0.96, \ \text{SD} = 16\% \tag{4-14}$$

$$S_c = 60 M^{-0.38} Q_m^{-0.32} \quad r = 0.48, \ \text{SD} = 15\% \tag{4-15}$$

[①] 1ft = 0.3048m。

式中 M 为粉砂-黏土含量，M_c、M_b 分别为河床、河岸的粉砂-黏土含量百分比，W 为河宽，H 为河深，F 为宽深比，P 为曲率，S_c 为比降，L 为河曲波长，Q_m 为年平均流量。

二、断面流速法

泥沙起动即不同粗细颗粒泥沙开始运动。泥沙起动是一种随机现象，在一定的水流条件下，不存在某一明确的临界粒径使超过这一粒径的泥沙都静止不动，而小于这一粒径的泥沙都处于运动状态。对于泥沙起动临界条件的表达方式，传统上有两种方法——起动切力和起动流速。起动流速最早的研究是针对沙、砾石等可忽略黏性的较粗颗粒进行的。起动流速的概念最早是由 Бромсом 在 1753 年和 Эри 在 1834 年提出的（Leliavsky，1955）。

自苏联学者开创起动流速表达方式以来，我国广大学者在此领域获得了大量成果，例如何之泰（1934）、李保如（1959）、窦国仁（1960）、唐存本（1963）、沙玉清（1956）、华国祥（1965）、钱宁等（1987）等人的研究成果，引入了无黏性和黏性沙的特点，建立了许多适用于粗细泥沙的起动流速公式。

推移质主要以滚动、滑动、跃移的形式投入运动，各研究者在建立公式时，考虑的因素、着眼点不同，得出的公式也不一样。

1. 从水流流速观点出发

从泥沙起动时的水流流速观点出发，忽略近壁层流层的影响，假设推移质以滚动方式进入运动，引用垂线流速分布公式、临界动力条件建立力矩平衡方程得出起动流速的一般表达式。

（1）认为流速沿垂线呈指数分布，得出起动流速的一般表达式为

$$V_c = \eta_1 \sqrt{\frac{\gamma_s - \gamma}{\gamma} gd} \left(\frac{h}{d}\right)^m \tag{4-16}$$

式中 V_c 为起动流速；η 为综合系数；γ_s、γ 分别为泥沙和水的容重；$\eta_1 = 1/[(1+m) \alpha^m] \cdot [2 k_3 a_3 (k_1 c_d a_1 + k_2 c_l a_2)]^{1/2}$，$c_l$、$c_d$ 为推移力和上举力系数，a_1、a_2 为垂直方向和水流方向的沙粒面积系数，a_3 为沙粒体积系数；h 为水深，d 为泥沙粒径，g 为重力加速度；m 为指数流速分布公式中的指数，一般取值为 1/6。统一系数为 k，式 4-16 转换为

$$V_c = k \, d^{1/3} h^{1/6} \quad k = 4.02\eta \tag{4-17}$$

不同学者提出的公式中的系数 k 值有差别，如李保如（1959）取 k 为 7.86，沙玉清（1956）取 k 为 4.79~5.69，华国祥（1965）取 k 为 5.43，沙莫夫取 k 为 4.60 等。

（2）认为流速沿垂线呈对数分布，比较著名的有岗恰洛夫公式

$$V_c = 1.07 \lg \frac{8.8h}{d_{95}} \cdot \sqrt{\frac{\gamma_s - \gamma}{\gamma} gd}, \quad d = 0.08 \sim 1.5 \text{mm} \tag{4-18}$$

和河海大学公式

$$V_c = 1.28 \lg\left(13.15 \cdot \frac{h}{d_{95}}\right) \cdot \sqrt{gd}, \quad d > 0.5\text{mm} \tag{4-19}$$

式中，d 为泥沙平均粒径（相应层位上沉积物中卵砾石、粗砂、中砂、细砂、粉砂、粉粒、黏粒的中值粒径的加权和），d_{95} 为泥沙级配中95%小于此粒径，h 为水深。

2. 从水流对泥沙的作用力观点出发

从泥沙起动时水流对其作用力（拖曳力）的观点出发，考虑近壁层流层的影响，假设泥沙以滑动的方式起动，运用流速分布公式及力平衡方程式得出起动流速公式。主要有张有龄公式

$$V_c = 1.49 \sqrt{\frac{\gamma_s - \gamma}{\gamma} \cdot gd}\left(\frac{h}{d}\right)^{1/6}, \quad d > 6.4\text{mm} \tag{4-20}$$

和河海大学公式

$$V_c = \frac{6.93 h^{1/6} v^{1/6} d^{1/4}}{n g^{1/2}}, \quad 0.026\text{mm} < d < 0.5\text{mm} \tag{4-21}$$

式 4-21 中，n 为河道综合糙率。

3. Engiazaroff 起动拖曳力公式

Engiazaroff 从与床面泥沙起动相关联的起动拖曳力出发，得出如下起动拖曳力公式：

$$\frac{\tau_c}{(\gamma_s - \gamma)\, d_i} = \frac{0.1}{\lg \dfrac{19 d_i}{d_{\text{m}}}} \tag{4-22}$$

式中 τ_c 为起动拖曳力，d_i 为 i 粒泥沙粒径，d_{m} 为平均粒径。

Engiazaroff 在推导非均匀沙起动公式时仍沿用了均匀沙起动拖曳力公式，只是对系数略加修正，这不能全面反映非均匀沙的起动规律。另外公式对一部分泥沙求出的起动临界出现负值或不连续情况，也是不能解释的。

4. 卵石的起动流速

韩其为和何明民（1999）为表示卵石的形状对起动的影响定义了扁度 $\lambda = \dfrac{\sqrt{ab}}{c}$，其中 a、b、c 为卵石的长、中、短轴长度，把卵石概化为椭球体。考虑卵石形状对卵石颗粒重量的影响，并由此出发从等效粒径的角度分析卵石形状对实际起动流速的影响很少涉及，为此有

$$W = \frac{\pi}{6} \gamma_s \, (d_\eta)^3 = \frac{\pi}{6} \gamma_s \, (\eta d_i)^3 \tag{4-23}$$

式中 η 为卵石形状对等效粒径的影响系数，d_η 为考虑 η 影响的等效粒径。对于同一卵石颗粒，无论概化为球体还是椭球体，其重量都是相同的，故有 $\dfrac{\pi}{6} \gamma \, (\eta d_i)^3 = \dfrac{\pi}{6} \gamma abc$。考虑

到筛选法理论上讲是选择中径 b 界于相邻两孔间的颗粒，故以 b 近似 d_i 可得 $\eta^3 = \dfrac{ac}{b^2}$，即形状系数 $\eta = \left(\dfrac{ac}{b^2}\right)^{1/3}$。

唐存本（1963）提出的底部速度与水流速度的换算公式为

$$\mu_b = \frac{m+1}{m} V_c \left(\frac{d}{h}\right)^{1/m} \tag{4-24}$$

天然河流 m 取值为 6。考虑卵石的形状系数 η 对等效粒径的影响，取 $d = \eta d_{90}$ 处的流速，则有

$$V_c = \frac{mA}{m+1} \sqrt{\frac{\gamma_s - \gamma}{\gamma} g \eta d_i \left(1 + \xi \frac{d_m}{d_i}\right)} \left(\frac{h}{\eta d_{90}}\right)^{1/m} \tag{4-25}$$

式中 $A = \sqrt{\dfrac{2\alpha_w L_w}{c_d \alpha_d L_d + c_l \alpha_l L_l}}$，为综合影响系数，由天然实测资料和起动流速试验资料率定，d_i 取为起动卵石组成中 95% 较之为细的粒径，ξ 为相对暴露度。根据韩其为和何明民（1999）的天然河流资料和唐造造（1996）的起动流速水槽试验资料，可拟合出 $A = 1.25$。则式 4-25 可表示为

$$V_c = 1.07 \sqrt{\frac{\gamma_s - \gamma}{\gamma} g \eta d_i \left(1 + \xi \frac{d_m}{d_i}\right)} \left(\frac{h}{\eta d_{90}}\right)^{1/6} \tag{4-26}$$

式 4-25、式 4-26 为非均匀卵石起动流速公式。对于均匀卵石，$d_{90} = d_m = d$，$\xi = 0.134 \sim 1$，可得均匀卵石起动流速公式为

$$V_c = (4.5 \sim 6.0) \, h^{1/6} d^{1/3} \eta^{1/3} \tag{4-27}$$

第三节　末次冰期最盛期以来沂河古流量的计算

一、河相关系法计算沂河古流量

根据 Schumm（1968，1969）河相关系法的计算公式，我们选择沂河下游的沂河路沂河大桥附近断面、沂河中游的沂南澳柯玛大道沂河大桥附近断面计算末次冰期最盛期时的沂河古流量。根据式 4-10（$P = 3.5 F^{-0.27}$）计算 P 值，再根据式 4-9（$P = 0.94 M^{0.25}$）计算 M 值，最后根据式 4-12（$H = 0.6 M^{0.34} Q_m^{0.29}$）计算流量 Q_m。

葛沟水文站实测 1954～2007 年多年年均流量 $Q = 40.27 \text{m}^3/\text{s}$。附近沂河河槽宽约 415m，河床宽约 280m，汊道与河床的高差约 0.5～1.0m，河槽满槽深泓水深约 2.4m，平均深度约为 1.9m，河槽断面面积约为 660m²。用河相关系法计算得出 $Q_m = 247.4 \text{m}^3/\text{s}$，$Q_m/Q = 6.14$。两个断面的计算值也按该比例推算。

沂河路沂河大桥附近，末次冰期最盛期时河床宽度基本上应在 ZK3 孔到 ZK11 孔（图 3-16）之间，宽度约 633m。河槽到达基岩最深 2.4m，河床底部应有部分沉积的砂砾层，深泓水深约 2m，河的宽深比约为 316。根据式 4-10 计算得出 $P = 0.7399$，根据

式 4-9 计算得出 $M=0.3841$，根据式 4-12 计算得出 $Q_m=195.1\text{m}^3/\text{s}$，$Q=30.44\text{m}^3/\text{s}$。

澳柯玛沂河大桥附近断面，末次冰期最盛期沂河河槽基本上应在 ZK2 孔到 ZK15 孔（图 3-6）之间，宽约 471m，河床底部有部分砂砾层沉积，河槽深泓深度约 1.8m，宽深比 F 为 261.6，计算得出 $P=0.779$，$M=0.472$，$Q_m=106.4\text{m}^3/\text{s}$，$Q=17.3\text{m}^3/\text{s}$。晚冰期（12.0ka BP）河槽宽约 540m，深泓深度约为 1.8m，宽深比为 300，计算得出 $P=0.75$，$M=0.406$，$Q_m=127.1\text{m}^3/\text{s}$，$Q=20.7\text{m}^3/\text{s}$。全新世大暖期（7.0ka BP）河槽宽约 550m，深泓深度约为 2.2m，宽深比 250，计算得出 $P=0.7875$，$M=0.532$，$Q_m=184.8\text{m}^3/\text{s}$，$Q=30.1\text{m}^3/\text{s}$。

二、断面流速法计算沂河古流量

（一）起动流速的计算

选用以下公式进行起动流速的计算。

1. 沙莫夫公式

苏联学者沙莫夫提出了适合泥沙粒径 $d>0.2\text{mm}$ 的起动流速公式，即：

$$V_c=1.144\sqrt{\frac{\gamma_s-\gamma}{\gamma}\cdot gd}\left(\frac{h}{d}\right)^{1/6}=4.60\,d^{1/3}h^{1/6} \tag{4-28}$$

实践证明，当 k 值大约取 4.60 时，起动公式计算值与野外实测值符合较好。因此，选取沙莫夫公式计算沂河几个断面的泥沙起动流速 V_c。

2. 河海大学公式

河海大学公式（式 4-19）适合泥沙粒径 $d>0.5\text{mm}$ 的床沙，沂河古河床底部的泥沙主要是粗砂砾石，适于用该公式计算泥沙起动流速 V_c。

3. 张有龄公式

张有龄公式（式 4-20）适合泥沙粒径 $d>6.4\text{mm}$ 的床沙，沂河古河床底部沉积物砾石含量较多，适于用该公式计算泥沙起动流速 V_c。

（二）垂线平均流速的计算

床沙的起动主要靠河床底部的水流起动，河流流速在垂线上的分布一般呈弧形，最大流速出现在 $0.6h$ 处，向河床底部逐渐减小，因此泥沙的起动流速比垂线的平均流速要小得多。

起动流速 V_c 约等于作用于床面颗粒顶端的水流平均底速 $\bar{u}$。水流平均底速 $\bar{u}$ 与切应力（即摩阻流速 u_*）的关系，窦国仁（1999）表示为

$$\frac{\bar{u}}{u_*}=2.5\ln\left|1+20\frac{y}{\Delta}\right|+7.05\left|\frac{20\frac{y}{\Delta}}{1+20\frac{y}{\Delta}}\right|^2+2.5\left|\frac{20\frac{y}{\Delta}}{1+20\frac{y}{\Delta}}\right|-8.55 \qquad (4-29)$$

式中，y 为距床面的垂直距离，Δ 为床面糙率高度。

起动底速与摩阻流速的关系一般采用如下的对数流速分布（窦国仁，1999）：

$$\frac{\bar{u}}{u_*}=5.75\lg\left|30.2\frac{yx}{K_s}\right| \qquad (4-30)$$

式中，K_s 为河床糙率高度，一般取 $K_s=d$，x 为校正系数，在床面粗糙区 $x=1$，y 为距床面的距离，数值上一般取 $y=K_s=d$。则在床面颗粒的顶端，其水流平均底速为

$$\bar{u}=8.51\,u_* \qquad (4-31)$$

垂线平均流速 V 与摩阻流速 u_* 之间有下述关系（韩其为和何明民，1999）：

$$V\approx6.5\,u_*\left|\frac{h}{d_{90}}\right|^{\frac{1}{6}} \qquad (4-32)$$

用式 4-28、式 4-19、式 4-20 计算得出 V_c，代入式 4-31 求出 u_*，然后用式 4-32 求算垂线平均流速 V。

（三）断面平均流速（U）的推算

现在沂河河床的沉积物多为细砂，沂南县澳柯玛大道沂河大桥附近沂河现代河床沉积物的平均粒径 $d\approx0.594\text{mm}$，$d_{90}\approx1.615\text{mm}$，$d_{95}\approx1.630\text{mm}$。该断面附近深泓洪水期的深度约为 2.2m，用沙莫夫公式（式 4-28）、河海大学公式（式 4-19）计算得出泥沙起动流速 V_c 分别为 0.541m/s、0.419m/s，代入式 4-31，求得摩阻流速 u_* 分别为 0.0636m/s、0.0493m/s，根据式 4-32 计算得出洪水期主泓垂线平均流速 V 分别为 1.435m/s、1.112m/s。现在实测临沂段沂河洪水期断面平均流速 0.6~0.8m/s，实测的断面平均流速与用沙莫夫公式计算的现在深泓垂线平均流速的比值是 0.418~0.557，与用河海大学公式计算的深泓垂线平均流速的比值是 0.539~0.719，根据该比值可计算断面平均流速 U。

（四）径流量的计算

河流径流量 $Q=US$，式中 U 为断面平均流速，S 为过水断面面积。过水断面面积以满槽断面面积计算，因此计算的径流量为满槽径流量。沂河为山洪季节性河流，只有在汛期洪水时，河水可能满槽，因此计算的流量为洪水时的径流量。

葛沟水文站实测 1954~2007 年多年年均流量 $Q=40.27\text{m}^3/\text{s}$。葛沟水文站附近沂河河槽宽度约为 415m，河床宽约 280m，汊道与河床的高差约为 0.5~1.0m，河槽满槽深泓水深约为 2.4m，平均深度约为 1.9m，河槽断面面积约为 660m²。根据实测断面平均流速计算得出满槽流量 $Q_m=396~528\text{m}^3/\text{s}$，$Q_m/Q=9.84~13.11$。

1. 沂南县澳柯玛大道沂河大桥断面

沂南县澳柯玛大道沂河大桥附近断面，河床下部整个河道上沉积了厚 1.6~4.3m

的卵砾石层，磨圆度一般，充填黏性土及中粗砂。我们在河床西岸埋深约 8m 处采集的样品主要是卵砾石，多数呈扁平状，粒径多在 10 ~ 20mm，平均粒径 $d \approx 5.56$mm，$d_{90} \approx 26.2$mm，$d_{95} \approx 28.0$mm。根据表 3-4 中钻孔样品的颗粒级配，计算得出晚冰期时床沙的平均粒径 $d \approx 3.65$mm，$d_{90} \approx 14.2$mm，$d_{95} \approx 16.0$mm；全新世大暖期时床沙的平均粒径 $d \approx 0.92$mm，$d_{90} \approx 1.81$mm，$d_{95} \approx 2.18$mm。

该断面沂河各时期均为辫状河，从现在河床形态看，分汊水道与河床有 0.5 ~ 1.0m 的高差，据此可计算盛冰期、晚冰期、全新世中期河槽断面面积。盛冰期河床宽约 240m，河槽宽约 471m，深泓水深约 1.8m，平均水深约 1.1m，断面面积约为 391m^2；晚冰期河床宽约 320m，河槽宽约 540m，河槽深泓水深约 1.8m，平均水深约 1.1m，断面面积约为 473m^2；全新世中期河床宽约 320m，河槽宽约 550m，河槽深泓水深约 2.2m，平均水深约 1.6m，断面面积约为 696m^2。

1）用沙莫夫公式计算的泥沙起动流速及其相应的流量

根据沙莫夫公式（式 4-28）计算的末次冰期最盛期（V_{c1}）、晚冰期（V_{c2}）、全新世大暖期（V_{c3}）泥沙起动流速分别是：$V_{c1} = 0.827$m/s、$V_{c2} = 0.720$m/s、$V_{c3} = 0.482$m/s。

泥沙起动流速约等于作用于床面颗粒顶端的水流平均底速 $\bar{u}$，根据式 4-31 计算的末次冰期最盛期（u_{*1}）、晚冰期（u_{*2}）、全新世大暖期（u_{*3}）的摩阻流速分别是：$u_{*1} = 0.0972$m/s、$u_{*2} = 0.0846$m/s、$u_{*3} = 0.0567$m/s。

根据式 4-32 计算得出末次冰期最盛期（V_1）、晚冰期（V_2）、全新世大暖期（V_3）时的垂线平均流速分别是：$V_1 = 1.179$m/s、$V_2 = 1.135$m/s、$V_3 = 1.142$m/s。

根据实测的临沂段断面平均流速与计算的现在深泓垂线平均流速的比值，推算末次冰期最盛期（U_1）、晚冰期（U_2）、全新世大暖期（U_3）的断面平均流速分别为：$U_1 = 0.587$ ~ 0.783m/s、$U_2 = 0.565$ ~ 0.754m/s、$U_3 = 0.568$ ~ 0.757m/s。

该断面末次冰期最盛期、晚冰期、全新世大暖期的满槽断面面积分别约是 391m^2、473m^2、696m^2，据此计算得出末次冰期最盛期、晚冰期、全新世大暖期时洪水径流量 Q_m 分别约为 229.5 ~ 306.1m^3/s、267.2 ~ 356.6m^3/s、395.3 ~ 526.8m^3/s。

根据计算值与实测值的比率，推算得出末次冰期最盛期、晚冰期、全新世大暖期时年均流量 Q 分别约为 23.3m^3/s、27.2m^3/s、40.2m^3/s。

2）用河海大学公式计算的泥沙起动流速及其相应的流量

根据河海大学公式（式 4-19）计算的末次冰期最盛期（V_{c1}）、晚冰期（V_{c2}）、全新世大暖期（V_{c3}）时泥沙起动流速分别是：$V_{c1} = 0.888$m/s、$V_{c2} = 0.775$m/s、$V_{c3} = 0.506$m/s。

根据式 4-31 计算的末次冰期最盛期（u_{*1}）、晚冰期（u_{*2}）、全新世大暖期（u_{*3}）的摩阻流速分别是：$u_{*1} = 0.1044$m/s、$u_{*2} = 0.091$m/s、$u_{*3} = 0.0595$m/s。

根据式 4-32 计算得出末次冰期最盛期（V_1）、晚冰期（V_2）、全新世大暖期（V_3）时的垂线平均流速分别是：$V_1 = 1.374$m/s、$V_2 = 1.326$m/s、$V_3 = 1.264$m/s。

根据实测的临沂段断面平均流速与计算的现在深泓垂线平均流速的比值，推算末次冰期最盛期（U_1）、晚冰期（U_2）、全新世大暖期（U_3）的断面平均流速分别为：

$U_1 = 0.741 \sim 0.988 \text{m/s}$、$U_2 = 0.715 \sim 0.953 \text{m/s}$、$U_3 = 0.681 \sim 0.909 \text{m/s}$。

该断面末次冰期最盛期、晚冰期、全新世大暖期的满槽断面面积分别约是 391m²、473m²、696m²，据此计算得出末次冰期最盛期、晚冰期、全新世大暖期时洪水径流量 Q_m 分别约为 289.7 ~ 386.3m³/s、338.2 ~ 450.8m³/s、474.0 ~ 632.7m³/s。

根据计算值与实测值的比率，推算得出末次冰期最盛期、晚冰期、全新世大暖期时年均流量 Q 分别约为 29.5m³/s、34.4m³/s、48.2m³/s。

2. 沂河路沂河大桥断面

在沂河路沂河大桥上游约 500m 处河床底部靠近埋藏基岩处采集的样品，经筛分计算得出沉积物平均粒径 $d \approx 2.458 \text{mm}$，$d_{90} \approx 9.0 \text{mm}$，$d_{95} \approx 13.0 \text{mm}$。

根据该断面附近河床沉积物的年代（河槽的底部约 55m 处采集的样品年代测试结果为 22.81±2.580ka）判断，图 3-16 中 ZK3 ~ ZK11 孔之间的河槽为末次冰期最盛期时的沂河古河槽。ZK11 孔到达基岩的高程是 56.43m，该高程基岩河槽的宽度约 633m，河槽最深 2.4m，平均深度约 1.4m，河床宽度约 500m，断面面积约为 793m²。

1）用沙莫夫公式计算的泥沙起动流速及其相应的流量

根据沙莫夫公式（式 4-28）计算的末次冰期最盛期时泥沙起动流速是：$V_c = 0.693 \text{m/s}$。

根据式 4-31 计算的末次冰期最盛期 $u_* = 0.0815$。根据式 4-32 计算得出垂线平均流速 $V = 1.296 \text{m/s}$。根据实测断面平均流速与计算深泓垂线平均流速的比值，推算得出断面平均流速 U 约为 0.542 ~ 0.722m/s。末次冰期最盛期时该断面面积为 793m²，计算得出洪水时满槽流量 Q_m 约为 429.8 ~ 572.5m³/s。根据计算值与实测值的比率，推算得出末次冰期最盛期时年均流量 Q 约为 43.7m³/s。

2）用河海大学公式计算的泥沙起动流速及其相应的流量

根据河海大学公式（式 4-19）计算的末次冰期最盛期时泥沙起动流速是：$V_c = 0.6537 \text{m/s}$。

根据式 4-31 计算的末次冰期最盛期 $u_* = 0.0769$。根据式 4-32 计算得出垂线平均流速 $V = 1.223 \text{m/s}$。根据实测断面平均流速与计算深泓垂线平均流速的比值，推算得出断面平均流速 U 约为 0.659 ~ 0.879m/s。末次冰期最盛期时该断面面积为 793m²，计算得出洪水时满槽流量 Q_m 约为 522.6 ~ 697.1m³/s。根据计算值与实测值的比率，推算得出末次冰期最盛期时年均流量 Q 约为 53.2m³/s。

三、沂河古流量计算结果的对比验证

根据临沂水文站（控制流域面积 10,315km²）实测资料，1954 ~ 2007 年多年平均径流量为 23.7×10⁸m³，最大年径流量出现在 1964 年，为 65.8×10⁸m³，最小值在 1968 年，为 8.49×10⁸m³，最大量为最小量的 7.8 倍。径流量的年内分配有 84% 集中在汛期 6 ~ 9 月份，其中 7、8 月份占全年径流量的 67.6%。

1. 末次冰期最盛期

末次冰期最盛期（LMG）是目前国际上气候研究的热点之一，许多学者对末次冰期最盛期的气候进行了模拟研究。我国第四纪研究的成果揭示，末次冰期最盛期我国的气候类型与现在截然不同，降温幅度大，降水量减少。张兰生认为，我国南方降水是现代的80%以上。于革等（2000）用大气环流模式对LMG时东亚气候作了模拟，结果显示中国40°N以南、90°E以东地区的降水减少量在0.5~2.0mm/d之间，气温也比现在低，中高纬地区低8~10℃，低纬地区低3~5℃。郑益群等（2002）采用NCAR的第二代区域气候模式（RegCM2），分别加入现代植被和根据化石花粉资料采用Biomization方法转化的东亚地区LGM时古植被，在"全球古气候模型相互对比计划"（PMIP1995）标准外强迫设置（太阳辐射、冰流、大气CO_2浓度、海温等）下，模拟中国东部LGM时降水显著减少，长江淮河流域出现了一个中心达1.0mm/d的降水减少区，降温幅度在4~12℃。刘煜等（2007）用CO_2和地球轨道参数的影响进行模拟表明，中国东部地区LGM时降水减少量达到2.0mm/d，用大尺度环流背景场进行模拟表明，华东地区降水减少量超过1.0mm/d。刘健等（2002）、陈星等（2000）用中国科学院大气物理研究所的含有陆面过程的9层15波菱形截断全球大气环流谱模式（AGCM）及其包含的陆面过程（SSiB）模拟了东亚地区LGM时的气候，结果显示我国20°N~40°N、90°E以东地区的降水减少量在1.0~2.0mm/d之间。钱云等（1998）建立了较为完善的模式物理过程并引入了云量的反馈过程、海气和陆气简单耦合且和大气环流模式（GCM）单向嵌套的东亚地区（含青藏高原）的区域气候模式，模拟的我国东部地区LGM时降水减少量为1.67mm/d。刘晓东等（1995）利用一个T42全球大气环流谱模式模拟的LGM时江淮至华北地区年降水量减少60%~70%。唐领余等（2000）根据长江上游许多湖泊钻孔的孢粉记录揭示的LGM时年降水量仅为现今的40%，减少量约为1mm/d。

综上所述，沂河流域末次冰期最盛期时，年平均气温约比现在低4~6℃，年降水量减少1mm/d左右。沂河流域现在年均温12.8~14.0℃，多年平均降水量约为900mm，推算LGM时年均温为6.8~10.0℃，年降水量约540mm。

王红亚和石元春（1992）利用世界上多个气候区的流水盆地的数据建立了一系列T（气温）、P（降水）与R（年平均地表径流量）关系式。当T在7.8~12.8℃，P在203~3,048mm，r^2（相关系数的平方）为81.7%时，选用以下公式：

$$R^{0.5} = 7.29 - 0.65T + 0.02P \tag{4-33}$$

沂河流域末次冰期最盛期的年均温及降水量均符合式（4-33），计算得出R值为134.33~186.87mm。根据控制的沂河流域面积（10,315km²），计算得出年径流总量为13.86×10⁸~19.28×10⁸m³，平均流量为43.95~61.14m³/s。根据葛沟水文站控制的流域面积（5,565km²，其中东汶河流域面积2,427km²），计算得出澳柯玛沂河大桥控制的流域面积内的年径流总量为4.22×10⁸~5.87×10⁸m³，平均流量为13.38~18.61m³/s。

用河相关系法计算得出沂南澳柯玛大桥附近断面末次冰期最盛期的年均流量Q约为17.3m³/s，计算值在模拟的数值范围之内。

断面流速法，用沙莫夫公式、河海大学公式计算的沂河路沂河大桥附近断面末次冰期最盛期时的年均流量 Q 分别约为 43.7m³/s、53.2m³/s，计算值在模拟的数值范围之内。用沙莫夫公式、河海大学公式计算的澳柯玛沂河大桥附近断面末次冰期最盛期时的年均流量 Q 分别约为 23.3m³/s、29.5m³/s，计算值比模拟的数值偏大。

2. 全新世中期

我国第四纪研究的成果表明，全新世中期（7.0~6.0ka BP）中国东部冬季平均气温比现代高 2.5℃（施雅风等，1992a；安芷生等，1990；唐领余等，1991）。由北半球太阳辐射增强所引起的季风环流在 9~6ka BP 达到最强盛阶段，这一气候适宜期在地理范围上很广，由于中全新世夏季增温，全球季风环流系统普遍较现代增强，夏季降水增多。陈星等（2000）、刘健等（2002）进行的古气候模拟实验显示，东亚地区在 40°N 以南地区，6.0ka BP 时夏季平均气温比现在增加 2℃ 左右，年均温比现在高约 0.5~1.5℃，冬季也高 0.5~1.0℃。杨怀仁等（1985）研究认为，长江中下游地区在 7~6ka BP 时年均温较现在高 2℃，降水大量增加。刘为纶等（1994）、周子康等（1994）通过对河姆渡遗址的第四文化层（¹⁴C 年代为 6.96±0.13ka BP）进行孢粉分析得出，在距今 7~6ka 时，河姆渡遗址一带的古气候应介于现今浙南乌岩岭和粤北鼎湖山之间，年平均气温约 19~20℃（高于现在 3~4℃），年降水量约 1,600~1,800mm（多于现在 300~500mm）。徐馨（1989）研究认为，长江流域全新世中期夏季风强盛，其影响区域可能比现今更向北向西扩张，年平均气温普遍较现今高 2~4℃，年降水量多 200mm 以上（王开发，1983）。

综上分析，沂河流域全新世中期的年均温比现在高 2℃ 左右，约为 14.8~16℃。年降水量比现在多近 200mm，约为 1,100mm。

王红亚和石元春（1992）建立了 T（气温）、P（降水）与 R（年平均地表径流量）关系式，当 T 在 10.0~15.0℃，P 在 229~2,032mm，r^2（相关系数的平方）为 83.5% 时，选用以下公式：

$$R^{0.5} = 7.71 - 0.79T + 0.02P \tag{4-34}$$

沂河流域全新世中期的年均温及降水量均符合式 4-34，计算得出 R 值为 291.38~324.72mm。根据沂河路沂河大桥、澳柯玛沂河大桥控制的流域面积（10,315km²、3,138km²），计算得出年径流总量分别为 $30.06 \times 10^8 \sim 33.49 \times 10^8$ m³、$9.14 \times 10^8 \sim 10.19 \times 10^8$ m³。平均流量分别为 95.32~106.2m³/s、28.98~32.31m³/s。

用河相关系法计算得出沂南澳柯玛大桥附近断面全新世中期的年均流量 Q 约为 30.1m³/s，计算值在模拟的数值范围之内。

断面流速法用沙莫夫公式、河海大学公式计算的澳柯玛沂河大桥附近断面全新世中期时的年均流量 Q 分别约为 40.2m³/s、48.2m³/s，计算值比模拟的数值偏大。

3. 同一断面不同公式计算结果的对比

沂河路沂河大桥附近断面，末次冰期盛冰期时年均流量用沙莫夫公式计算的结果比用河海大学公式计算的结果偏小约 17%，但计算值在模拟的数值范围之内。

　　沂南县澳柯玛大道沂河大桥附近断面，末次冰期盛冰期、晚冰期、全新世中期时的年均流量，用河相关系法计算的结果均在模拟的数值范围之内，用沙莫夫公式计算的结果稍微偏大，用河海大学公式计算的结果最大。

四、沂河的古流量

　　综合用河相关系法、断面流速法计算的沂河古流量的数值及根据模拟气候资料的计算值，得出以下结论。

　　（1）沂河路沂河大桥附近断面末次冰期最盛期时的沂河古流量约为 $43 \sim 53 \mathrm{m}^3/\mathrm{s}$。

　　（2）澳柯玛沂河大桥附近断面末次冰期最盛期时的沂河古流量约为 $17 \sim 23 \mathrm{m}^3/\mathrm{s}$。晚冰期时的沂河古流量约为 $20 \sim 27 \mathrm{m}^3/\mathrm{s}$。全新世中期时沂河古流量约为 $30 \sim 40 \mathrm{m}^3/\mathrm{s}$。

第五章　沂河流域的环境演变

第一节　末次冰期最盛期以来环境演变研究进展和趋势

一、末次冰期最盛期以来环境演变研究进展

末次冰期最盛期以来古环境的恢复与重建一直是当今学术界关注的热点问题，已有不少关于冰芯、黄土、石笋、湖泊沉积物、深海沉积物、河口沉积物等古气候古环境方面的研究（Bond et al., 2001；O'Brien et al., 1995；Wang P X et al., 2005；Wang Y J et al., 2005；Wang et al., 2008；姚檀栋等，1997）。

晚冰期以来，特别是全新世气候的不稳定性是现在国际上全新世研究的热点。全新世期间的气候特征一度被认为是温暖湿润且稳定的（Broecker, 1994；Sehulz et al., 1998），但越来越多的研究发现全新世气候有显著的世纪和千年尺度气候冷暖波动（Beck et al., 1997；Oppo et al., 2003；Friedrich et al., 1999；Moy et al., 2002），并且在不同的地区表现出差异性。全新世 8.0～4.0ka BP 气候温暖，特别在 5.0～6.0ka B P 时，全球大部分地区气候较为温暖，气温比 20 世纪高 1℃，北半球副热带地区的夏季尤其温暖（Webb and Wigley, 1985）。格陵兰冰芯氧同位素记录表明，北半球高纬地区在 8.0～5.0ka BP 期间气温约比现今高 2.5℃左右，此时北大西洋海水表面温度也较高（Dahl et al., 1998）。非洲湖泊沉积记录表明中全新世期间气候比较湿润，湖泊水位较高（Raymonde and Francoise, 2000）。中全新世期间中亚和东亚大部分地区气候湿润，而太平洋东岸中低纬度地区中全新世期间气候变干（Michael et al., 1997；Feng et al., 2006）。澳大利亚北昆士兰 Cleveland 湾海在 8.0～6.2ka BP 期间相对海面较高，在大约 6.5ka BP 时达到最高，高于现在约 2.8m，在 6.2～2.3ka BP 期间相对稳定，高于现在 1.5m，到最近 1.0ka BP 下降到现在高度（Woodroffe, 2009）。全新世中期不仅是较为温暖湿润的气候环境，海面上升也是该期的一个重要特征且对新石器时代人类活动的影响深远。

我国学者对末次冰期最盛期以来气候环境也作了许多研究，特别是对全新世的气候变化研究更多，将全新世分为早、中、晚三个时段来讨论（刘嘉麒等，2001；施雅风等，1992a, b, 1993）。施雅风等（1992a, b, 1993）认为中国全新世中期 8.5～3.0ka BP 为气候最适宜期，称为"全新世大暖期"；安芷生等（1993；An et al., 2000）认为在我国半湿润、半干旱乃至干旱区，可用降水和有效湿度最高时段来表示全新世气候适宜期。在全新世大暖期，中国东部的平均气温较现代高 2.5℃左右，西部高 3～4℃，青藏高原的上升值则更大。各地大暖期在变化幅度、冷暖和干湿配置、起讫时间

等方面都存在着较大的差异。中国西部高海拔地区大暖期起讫时间较早、变化幅度较大、持续时间较短；而在中国东部，大暖期起讫时间较晚、变化幅度较小、持续时间较长，表明与东亚季风随地球轨道参数变化密切相关，同时也受我国复杂的下垫面条件的影响。新疆地区平均湿度自 10.0ka BP 持续增加，4.0ka BP 是全新世湿度最大时期，而新疆地区的全新世温湿度的变化受北冰洋地区气候变化的影响（Ran and Feng，2013）。青藏高原数据显示在 11.0ka BP 湿度减小，在 8.2～7.2ka BP 的湿度达到全新世气候变化的最大值，青藏高原有效湿度的增加是因为受印度季风的影响（唐领余等，2009）。全新世期间东亚季风的前锋是由北向南逐步后退的，这也导致全新世大暖期最大的降雨量出现在中国北部、东北部的时间要比南部、东南部早，全新世的有效湿度最大值在季风区发生在 10.5～6.5ka BP（An et al.，2000）。季风降水和北半球的辐射强度兼容性表明，太阳辐射强烈控制着全新世夏季降水量（Zhang et al.，2011）。8.5～3.0ka BP 是晚冰期以来气候最佳适宜期，处在南北交接"生态过渡带"的黄河中下游地区，气候温暖湿润，水源充足，黄土疏松肥沃，动植物种类繁多，这些适宜的生态环境为农业起源发展提供了良好的条件，发展了南庄头文化、案板文化、裴李岗文化、磁山文化、仰韶文化、龙山文化等。长江中游则孕育了城背溪文化、大溪文化、屈家岭文化、石家河文化，长江下游孕育了马家浜文化、崧泽文化、良渚文化等，各地古文化的繁荣发展与全新世大暖期温热的气候条件密不可分。

在研究方法方面呈现出多样化的特点。就沉积地层而言，传统上多采用孢粉浓度及组合（山发寿，1993；羊向东和王苏民，1994）、湖泊古微生物的丰度与分异度（曹建廷等，2000；景民昌和孙镇诚，2001；李元芳等，2001）、沉积物的地球化学指标（王云飞，1993；介冬梅和吕金福，2001；彭子成和韩有松，1992）和硅藻分析（马燕和郑长苏，1991；Swain，1985；马燕等，1996）来反映沉积古环境特征。20 世纪 90 年代中期之后，出现了一些具有生态指示意义的孢粉间接记录指标，如 A/C（*Artermisia/Chenopodiaceae*）、花粉系数、藜蒿比等指标（钟巍和舒强，2001；杨振京和刘志明，2001）来半定量地推测区域古气候特征，沈吉等（2000）利用介形类微量元素 Sr/Ca 值来定量恢复古盐度特征。随着高精度稳定同位素测定方法和分馏效应的深入研究，开辟了用 $\delta^{37}Cl$（刘卫国和肖应凯，1998）、$\delta^{18}O$（林瑞芬和卫克勤，1998）、$\delta^{13}C$（沈吉等，1996）等稳定同位素来揭示生态与植被、气温变化、大气 CO_2 浓度变化等信息的方法。沉积物的粒度特征也可反映湖面水位高低和区域降水的变化（孙千里等，2001；王君波和朱立平，2002；陈敬安和万国江，2000），另外又逐渐发展了色素（马燕等，1996；吴艳宏和吴瑞金，2001）、总有机碳（TOC）、总氮（TN）、总氢（TH）、碳氮比（C/N）等（王云飞，1993；曹建廷等，2000；王文远和刘嘉麒，2001）一系列环境指标，沉积物磁化率研究法（张振克和吴瑞金，1998）也在环境演变研究中得到了较广泛的应用。

国内对晚冰期以来环境演变的研究遍及各大流域，如对长江三角洲地区海面变化（杨怀仁和谢志仁，1984；赵希涛等，1994；谢志仁和袁林旺，2012；Wang et al.，2012）及三角洲形成过程的研究（同济大学海洋地质系三角洲科研组，1978；王靖泰等，1981），对太湖地区环境演变与古文化的研究（Yu et al.，2000；Zhu et al.，2003；

Wang et al., 2001；Chen Q Q et al., 2008；Chen Z Y et al., 2008；Atahan et al., 2008；Qin et al., 2011；Zong et al., 2011；Zhang et al., 2005），对长江下游河流沉积环境演变的研究（李从先和汪品先, 1998；杨达源, 1986；曹光杰等, 2015；Cao et al., 2016），对长江三峡地区（史威等, 2009）及江汉地区（杜耘和殷鸿福, 2003；郭媛媛等, 2016）环境演变的研究，对黄河中游关中地区（赵景波等, 2003；周群英和黄春长, 2008；贾耀锋等, 2012）环境演变的研究，对淮河流域（黄润等, 2005）、珠江流域（殷鉴等, 2016）、辽河流域（马宏伟等, 2016；杨永兴和孔昭宸, 2001）环境演变的研究，对巢湖（罗武宏等, 2015）、黄旗海（刘子亭等, 2008；王永等, 2010）、泸沽湖（李素萍等, 2016）等地区环境演变的研究，以及对新疆地区（姚轶锋等, 2015；赵凯华等, 2013）和甘青地区（莫多闻等, 1996；程波等, 2010；侯光良等, 2009）的研究，等等。对山东地区晚冰期以来环境演变的研究，以中部和黄河三角洲地区（陈栋栋等, 2011；丁敏等, 2011；李国刚等, 2013；赵广明等, 2014；彭俊等, 2014）较多，对鲁东南地区的研究相对较少。齐乌云等（2006）、高华中等（2006；高华中, 2016）对沂沭河流域的部分地区的古文化兴衰与人地关系进行了研究，Shen 等（Shen et al., 2015）对全新世中晚期的沂河古洪水进行了初步探讨，但都没有形成沂河流域晚冰期以来环境演变的系统研究。

晚冰期以来环境演变对当今全球变化起到了奠基作用，而且影响着今后的全球气候与环境的变化过程，对于判断未来全球气候变化能提供重要的参考依据（安芷生等, 1992；刘东生等, 2000）。晚冰期以来冷暖干湿的气候波动变化，对人类的生存和发展产生了深远的影响（刘嘉麒等, 2001）。细石器、新石器时代，古人类对自然环境的依赖程度很大，尤其是在气候−环境变化敏感的地区。新石器时代也是人类从完全依赖自然环境生存逐渐发展到主动改造自然的关键时期，是人类发展历史上的一个重要里程碑。研究这一时期的环境演变及其对人类的影响，探讨其相互作用的机制和规律，对现在和未来的人地关系研究都有十分重要的意义。

二、末次冰期最盛期以来环境演变研究趋势

从已有的研究成果来看，末次冰期最盛期以来环境演变研究总的发展趋势是强调典型区域的研究与全球对比，区域环境演变研究所选取的指示因子是高分辨率的环境、气候代用指标，短时间尺度的研究，以及人为因素对环境变化的影响研究。

全球变化研究正在向更深入的方向发展，所关注的实际问题从一般性全球变化问题向既有区域性特点又有全球意义的环境问题发展（高华中, 2015）。为了更好地对未来十几年至几十年的全球气候和环境变化进行预测，人们开始更加关心各种短时间尺度的气候变化，研究的时间尺度缩短，加强了对环境演变的局部时间区段或者气候转型期的研究（陈敬安和万国江, 2000；乌云格日勒和刘清泗, 1998；金章东和王苏民, 2000；李元芳等, 2001；陈玲等, 2002；方修琦等, 2004）。从研究的空间尺度来看，环境演变研究已经逐步从区域、流域的研究转向全球尺度的研究（Bond et al., 1992）。在研究方式上，从多学科的介入、联合和渗透向更高层次的综合发展，以地球系统科

学为指导，自然科学、社会科学、工程技术科学等多学科共同作战。越来越注重理论研究与实际应用的结合，将全球变化研究与人类的生产生活结合起来。随着对短时间尺度研究的不断加强，科学区分沉积物中所包含的人类活动信息，成为研究工作中不可忽视的内容。原来大多依靠考古和查阅历史文献来反映人类活动的状况。目前已有研究表明，沉积物色素的变化可判识流域人类活动的方式和强度特征（Swain，1985；马燕等，1996），磁化率参数对历史时期人类活动，特别是生产方式、强度的变化有明显指示意义（Oldfield，1991；张振克和吴瑞金，2000），沉积物 Fe、Al 元素含量的变化与人类活动影响下的水土流失有密切联系（张振克和吴瑞金，2000）。因此，人类活动在环境演变中起着重要作用，但在古环境古气候研究中考虑人与自然相互作用的内容还相当少。例如栽培作物成分的增加会在多大程度上，以怎样的方式反映在孢粉组合中，人为引渠或筑坝所导致的水面高低的变化会给环境信息系列带来什么影响（王苏民，1993），湖泊初始生产力的提高包含有湖泊富营养化的可能，沉积速率的加大和沉积物粒度的变粗可能是植被破坏、水土流失所引起的，沉积物中重金属浓度的大幅度提高也可能是工业污染所致（沈吉，1995）等等。要想正确反映出区域环境演变过程，还需发展一系列判别指标和方法，将人类活动因素与自然因素区别并有机联系起来（韩美等，2003）。

过去全球变化研究的热点一直聚焦在气候环境变化的区域差异以及不同时间尺度的气候变化机制，但是在解释不同时间尺度的气候变化机制方面还存在着很大分歧，特别是短时间尺度的气候变化研究更是第四纪古气候研究的薄弱环节（施雅风等，1992a，b，1993；刘嘉麒等，1994，2001）。全新世气候变化复杂，所以在不同区域存在差异性，这就需要我们针对不同区域进行更为详细的研究，以提高我们对全新世气候变化的认识（姚檀栋和 Thompson，1992；Alley et al.，2003；Grootes et al.，1993）。

第二节　典型剖面的环境变化记录

选择沂河中游的船流街钻孔剖面，沂河下游的水田桥剖面、沭埠岭剖面作为典型剖面，分析环境变化的地层记录。

一、环境变化的气候替代指标

沉积物记录了物理、化学及生物等多种环境作用过程，气候代用指标建立了沉积物地层记录与古环境变化之间的联系。通过提取载有气候信息的替代指标能够反演这些过程。选取沉积物粒度、地球化学元素、烧失量、孢粉等作为古气候变化研究的代用指标。

1. 沉积物粒度

碎屑沉积物在不同的沉积环境、地形状况、搬运介质及水动力条件下，按本身颗粒的大小以不同的搬运方式被搬运、沉积，粒度分析是沉积物分析研究最基本的一种手段。由于沉积物粒度具有测定简单、快速、不受生物作用的影响、对沉积动力变化敏感等特点,因此粒度经常用作恢复古气候、古环境的重要替代指标(An et al.,1991;赵永杰等,2010)。

沉积物的粒度特征是判断沉积物物质来源和沉积环境的重要指标,其分布不仅可以作为划分沉积物类型的依据,而且能够反映沉积环境的演化信息(何华春等,2005;王小雷等,2010)。沉积物粒度参数包含了关于沉积动力条件和沉积物运移方面的信息,主要反映沉积物来源和沉积环境,一般认为沉积物平均粒径和分选系数与沉积物来源关系密切,偏度和峰态反映的是沉积环境对粒度的改造结果。沉积物粒度参数特征不仅可以反演沉积物的堆积、搬运过程,还可以指示沉积物的运输方向及运输强度(贾建军等,2005;Gao and Collins,1992),为沉积物搬运介质的性质、能量及沉积物的搬运、沉积方式等提供重要的分析依据(王亚东等,2005;谢远云等,2007)。

控制河流沉积物粒度分布的主要因素是流水能量,粒度的粗细代表了水动力的强弱,在一定程度上可以反映环境的变化。对于降水量为地表径流主要来源的地区,控制地表径流发育程度的降水量成为控制沉积物粒度粗细的主要因素。在这种情况下,沉积物的粗颗粒指示降水量较大的湿润时期,而细颗粒则指示降水量较少的干旱时期。因此在沂河流域,当气候向温暖湿润发生转变的时候,由于降水量较多,地表径流较大,径流所携带、搬运的泥沙数量相应增多,沉积物颗粒就相对较粗。反之,当气候向冷干转变的时候,地表径流小,所搬运的泥沙数量较少,形成的沉积物就相对较细(高华中等,2006)。

2. 地球化学元素

沉积环境决定了化学元素的迁移富集特征,其变化同时反映沉积环境的变化,地球化学元素是环境变化研究中常用的替代性指标,沉积物所含地球化学元素的变化能够反映沉积时期的古气候环境(丁海燕和张振克,2010),古土壤及黄土中氧化物及微量元素含量的变化可反映不同的古气候变化特征(舒强等,2009)。各种元素表生地球化学性状及元素价态的差异,造成地球化学元素在表生作用中发生变化,地球化学元素的分布、分配、集聚和迁移规律与沉积环境、气候条件及其演变有很大关系(邱海鸥等,2010)。化学元素组合分布及其比值揭示了环境演变过程中不同元素的地球化学行为(Taylor and Mcleman,1985;Smol et al.,2001),并记录了区域地球化学风化和气候变化的历史(Jin et al.,2006;张文翔等,2008)。地壳中变价元素在沉积物中对环境的干湿、冷暖尤为敏感,结合常量元素、微量元素等地球化学元素特征,可为推断沉积环境及气候变化提供依据。铝是化学性质比较稳定的元素,在潮湿气候条件下的沉积环境中,铝元素常常在水介质为酸性的条件下富集,而当气候逐渐向干旱演变时,铝元素含量随水介质酸性减弱、碱性增强而相对降低。因此,Al_2O_3含量分布较高的沉积层反映相对较为湿润的沉积气候环境,Al_2O_3含量较低的沉积地层反映的是相对较干旱的沉积气候环境(高尚玉等,1985)。Fe^{3+}具有氧化性,在相对偏温暖湿润的气候环境下,Fe_2O_3含量较高。一般来讲,TiO_2富集的层位,反映有利于植物生长的温湿环境,而TiO_2含量较低或减少的层位,反映不利于植物生长的较干凉环境。钙、镁属于活动性较强的金属元素，主要以 CaO 和 MgO 的形式存在于沉积物中。Ca^{2+}、Mg^{2+} 容易被溶解而发生迁移，由于 Ca^{2+} 半径大于 Mg^{2+} 半径，其迁移能力也较强（钟巍等，1997）。

较之单个元素，元素含量比值可以更有效地揭示沉积环境的演化信息（韩德亮，2001），CaO/MgO 比值可以反映气候环境的变化，比值变大反映气候变干，比值变小表明气候相对湿润。硅铝率 [SiO_2/Al_2O_3 与硅铝铁率 $SiO_2/(Al_2O_3+Fe_2O_3)$] 反映了硅淋溶流失的情况。一般而言，硅铝率大于 4 指示以物理风化为主，化学风化微弱，SiO_2 很少迁移，气候干燥（Guo et al.，2002）。反之，在暖湿气候条件下，化学风化作用增强，沉积物中含有大量铝或铁的氧化物，硅铝率变小。一般 $SiO_2/Al_2O_3>2$ 反映偏碱性环境，SiO_2 容易被迁移转化（钟巍等，1997）。剖面 SiO_2/Al_2O_3 介于 2.06 ~ 3.52 之间，说明沉积环境偏碱性。在风化过程中，Fe_2O_3 稳定，难以流失，硅铝铁率与硅铝率有相似的环境指示意义，因此，硅铝率、硅铝铁率出现高值，指示当时气候环境处于冷干时期。

淋溶系数 [$(CaO+K_2O+Na_2O+MgO)/Al_2O_3$] 反映了气候的干湿状况（胡雪峰等，2003；李志文等，2010；李拓宇等，2013；张玉芬等，2013）；残积系数 [$(Al_2O_3+Fe_2O_3)/(CaO+MgO+Na_2O)$] 记录了风化作用的强弱。两者都是反映气候变化最为敏感的指标之一，在环境演变研究中得到了广泛应用（刘安娜等，2006；李新艳等，2007）。淋溶系数 [$(CaO+K_2O+Na_2O+MgO)/Al_2O_3$] 和残积系数 [$(Al_2O_3+Fe_2O_3)/(CaO+MgO+Na_2O)$] 通过反映稳定组分和不稳定组分之间的含量关系，反映风化作用的强度，来推断气候温湿的变化。CaO、K_2O、Na_2O、MgO 等非稳定性元素通常在冷干气候环境中相对富集，在暖湿气候环境下相对淋失。Al_2O_3、Fe_2O_3 属于惰性组分，基本上以碎屑状态存在，主要是随径流作用迁移，在气候干燥、地表径流贫乏的情况下很难被迁移，但活性组分仍然可以呈离子或胶体状态以化学侵蚀的方式迁移，沉淀至水体底部而相对富集，导致沉积物淋溶系数数值增大、残积系数数值减小（陈敬安和万国江，2000）。反之，气候湿润，地表径流增加，Al_2O_3、Fe_2O_3 被冲刷迁移，沉至水体底部，导致沉积物中惰性组分含量增大，淋溶系数值减小，残积系数值变大。

沉积物所含微量元素的特征对沉积层演化历史、沉积环境演变及沉积物的物质来源具有十分重要的示踪作用。这些元素在地球表层循环过程中的化学性质以及导致其发生分异的气候状况的差异决定了含量变化的方向和幅度，随着温度、湿度条件的改变，有些元素表现为相对富集，有些元素表现为相对淋失。普遍认为在表生地球化学条件下 Pb、Rb 是相对稳定的元素，在强烈的化学风化作用下常常与 Al、Fe 等有关常量元素一起大量富集，气候冷干与暖湿程度很大程度上制约着富集量多少（杨兢红，2007；叶荷等，2010）。气候越冷干，Pb、Rb 的富集量越低，气候越暖湿，富集量越高（赵振华，1997）。V、Cu、Ni、As 等相对活性较高的元素，由于受到生物化学风化作用的影响首先会被淋失、迁移，随水流汇集到河湖沼泽沉积中，同时比较稳定的元素 Pb、Rb 也相对富集。若某一时期的降水量突然增多，地表径流作用加强，则 Pb、Rb 等这些平时大多聚集在地表、较为稳定的元素也同样在水流作用下汇集到河湖沼泽沉积中。而在湿润气候环境下，V、Cr 等喜湿性微量元素可能由于黏土矿物的吸附作用附着，并在河流相沉积中富集（牛东风等，2011）。Rb、Sr 属于分散元素，Rb 容易被黏土矿物中的细颗粒沉积物吸附，在表生环境中，Sr 的活动性比较高，是一种对气候变化敏感的元素，它在暖湿环境下易被淋溶和迁移，在冷干环境下容易富集（陈俊等，1996）。在碱性条件下，V 易被搬运而使其在沉积物中含量降低，因此 V 含量的降低指示较干旱的气候，相反，在温暖湿润的气候条件下，V 由于水分的增加和受到黏土矿物的吸附作用，被阻碍溶解淋失而在沉积物中含量较高。Sr/Cu 值对古气候变化也很敏感，通常 Sr/Cu 值介于 1.3 ~ 5.0 之间指示潮湿气候，而大于 5.0 则指示干旱气候（王随继等，1993）。

3. 烧失量

烧失量是指在灼烧过程中样品所排出的结晶水，碳酸盐分解出的 CO_2，硫酸盐分解出的 SO_2，以及有机杂质被排出后物质质量的损失（刘子亭等，2006），通过对烧失量的分析测试，可以确定沉积物中有机碳含量和碳酸盐含量（庞奖励等，2005；万红莲等，2010）。在很大程度上，沉积物中有机质和碳酸盐的生成和沉积过程受气候环境条件影响，因此，烧失量不仅指示着有机质和碳酸盐的沉积过程，也间接反映着河湖生产力状况和碳酸盐的形成过程及其发生的环境背景。有机质沉积环境和沉积过程会随着气候的变化而改变，当气候干燥时，降水量较少，土壤湿度低，使得有机质的分解速度大于积累速度，烧失量呈现低值（刘子亭等，2006），当气候温暖湿润时，植物生长茂盛，形成较多的有机质，因而有机质积累量增多。烧失量变化与气候存在着多种对应关系，一般来说，湿润的环境是有机质积累的最重要条件，然而高温和寒冷情形也同样可能会引起有机质的积累（张佳华等，1998）。地层剖面沉积物的烧失量的变化与其他古环境记录综合分析，可为恢复过去环境变化提供更准确的依据（张佳华等，1998）。

4. 孢粉

孢粉是孢子植物和种子植物生殖细胞（孢子和花粉）的总称，其外壁质密且坚硬，耐腐蚀，最终孢粉会在沉积环境中沉积，并被保存下来。孢粉在一定程度上反映了当时的植被情况，包括植物的种类、数量等。通过对孢粉的研究可以恢复古植被进而恢复古气候、古地理环境（曹光杰和王建，2005）。孢粉分析作为最可行的一种古环境代用生物指标，在第四纪古环境和古气候重建中发挥着不可替代的作用。孢粉分析在建立第四纪地层单元和重建区域植被组成、变化，以及研究人类活动对陆地生态景观的影响方面扮演着重要的角色。孢粉分析作为重建第四纪古环境研究中较可信的方法，在地质学、古生物学、古气候学、古地理学等许多学科中得到广泛的应用（王开发和王宪曾，1983）。通过分析解读地层中保存下来的孢粉谱，就可以获得古植被种类信息，再结合其他数据信息获得古气候、降水量等环境信息（许清海等，2015）。

孢粉从最初产生到最终沉积，主要经历产生、传播、搬运、沉积和保存这几个过程。不同植被所产生的孢粉形态是不同的，而每种植物生长所需要的温度、湿度等环境条件也是不同的。孢粉具有坚固的外壁，可以抵抗沉积保存过程中强烈的酸碱环境和微生物的腐蚀而不被破坏。在沉积物中可以找到千百万年甚至几亿年的化石孢粉，所以，根据沉积物中的孢粉组合可以恢复沉积物所代表年代的区域植被种类组成和古气候信息。但是，沉积物中的孢粉组合并不能完全代表地区古植被组成和气候，因为孢粉保存受到自身因素和沉积环境因素等方面的影响。虽然多数孢粉在产生后会在本体所在区域范围内沉积，但有的孢粉还会经历传播、搬运、沉积、再次搬运、保存等过程。自身因素主要包括孢粉本身孢粉素含量的多少、孢粉外壁结构是否坚固、体积大小以及纹饰特点等因素，孢粉素含量越高，花粉越容易保存，花粉外壁越厚且具有纹饰特征越容易保存，反之易被分解（Havinga，1967）。沉积环境因素主要包括沉积环境的氧化作用、土壤酸碱度、干湿度、有机质含量和微生物的破坏作用等。前人进行的花粉保存研究认为土壤沉积物中的花粉浓度与土壤酸碱度有明显的关系，土壤碱性越强，土壤中的花粉浓度越低。氧化环境对油松花粉的腐蚀作用要比碱性环境强烈（曹现勇和许清海，2006；曹现勇等，2007；许清海等，2006）。

二、船流街钻孔剖面环境变化的记录

该钻孔位于沂河西岸船流街村北，距离滨河西路500m。剖面第四纪沉积层的厚度为11.7m，上部0~180cm为灰褐色粉质黏土，180~500cm为黄褐色黏土，500~800cm为灰色含砂黏土，800~1,170cm为浅黄色粗砾砂。在482~592cm段间隔2.0cm（个别间隔3.0cm）进行连续采样，共采集用于地球化学元素分析的样品52个。地球化学元素样品在山东省水土保持与环境保育重点实验室进行分析测试，得出了17种元素的含量（表5-1）。在埋深528~530cm、588~590cm采集两个[14]C年代样品，样品在美国Beta实验室进行测试，测试结果分别为12.10±0.04ka BP、12.65±0.04ka BP。从年代测试结果看，采样段沉积层主要是晚冰期后期的沉积，主要通过常量元素、微量元素含量的变化及淋溶系数、残积系数的变化分析晚冰期后期的环境变化。

1. 地球化学元素的测试结果

该剖面主要地球化学元素的测试结果见表5-1。

表5-1 主要地球化学元素分析测试结果 单位：mg/kg

化学元素		最大值	最小值	平均值
常量元素	Al_2O_3	37,393.72	16,748.60	26,979.59
	CaO	24,992.13	2,125.87	12,369.72
	Fe_2O_3	52,926.13	15,630.93	37,957.09
	K_2O	11,328.29	5,901.42	8,482.23
	MgO	13,680.02	6,882.10	9,691.57
	MnO_2	957.37	157.93	328.81
	Na_2O	1,215.67	492.98	831.81
	TiO_2	804.06	193.62	425.01

续表

化学元素		最大值	最小值	平均值
微量元素	As	15.80	0.87	7.34
	Pb	20.28	3.88	7.11
	Sr	41.88	10.77	20.71
	Zn	122.36	44.03	76.76
	Cu	13.61	5.68	9.21
	Co	7.62	3.42	5.22
	Ni	49.60	11.28	17.31
	Cr	312.84	23.45	60.24
	V	23.34	3.28	17.17

2. 常量元素反映的环境变化

约 12.10～12.65ka BP 在剖面上对应的深度为 530～590cm。Na_2O 的范围为 492.98～1,215.67mg/kg，平均值为 831.81mg/kg；Al_2O_3 的范围为 16,748.60～37,393.72mg/kg，平均值为 26,979.59mg/kg。Na_2O 的含量较高，Al_2O_3 的含量较低，显示气候环境较为干旱。$(K_2O+Na_2O+CaO)/Al_2O_3$、Na_2O/K_2O 的值较高，平均值为 0.009、0.798，也反映了干冷的气候环境。约 12.10～11.80ka BP，在剖面上对应的深度约为 514～530cm，Al_2O_3 的含量降至最低，平均值为 20,727.05mg/kg，Na_2O 的含量则为明显的高值，平均含量为 912.54mg/kg，$(K_2O+Na_2O+CaO)/Al_2O_3$、Na_2O/K_2O 的平均值分别为 0.131、0.991，比上一阶段明显变大，说明该时段出现了剧烈降温。

3. 微量元素反映的环境变化

约 12.10～12.65ka BP 在剖面上对应的深度为 530～590cm。该阶段 Sr 的含量为 10.77～41.88mg/kg，平均值为 20.71mg/kg；Cu 的含量为 5.68～13.61mg/kg，平均值为 9.21mg/kg；V 的含量为 3.28～23.34mg/kg，平均值为 17.17mg/kg；Cr 的含量为 23.45～312.84mg/kg，平均值为 60.24mg/kg；Zn 的含量为 44.03～122.36mg/kg，平均值为 76.76mg/kg；Sr/Cu 的最大值为 3.653，最小值为 0.941，平均值为 2.462。Sr 的含量升高但后期迅速降低，V 和 Cu 的含量也减少。显示了干旱的气候。11.80～12.10ka BP 在剖面上对应的深度约为 5.14～5.30m，Sr/Cu 的最大值为 2.588，最小值为 1.305，平均值为 2.013，比值在波动中继续下降。Sr 的含量最大值为 17.91mg/kg，最小值为 12.64mg/kg，平均值为 14.85mg/kg，也比上一阶段要小，表明气候环境迅速变干变冷。

4. 剖面淋溶系数、残积系数的变化

该剖面淋溶系数 $[(CaO+K_2O+Na_2O+MgO)/Al_2O_3]$ 在 515～536cm 平均值最大（整个采样段的平均值为 1.184，515～536cm 的平均值为 1.498），残积系数 $[(Al_2O_3+$

Fe_2O_3）/（$CaO+MgO+Na_2O$）〕在 515～536cm 平均值相对较小（整个采样段的平均值为3.072，515～536cm 的平均值为 2.206）（表5-2），说明在约 12.05～11.80ka BP 相对更为干冷。

表5-2　淋溶系数、残积系数随深度的变化情况

深度/cm	（$CaO+K_2O+Na_2O$ $+MgO$）/Al_2O_3	（$Al_2O_3+Fe_2O_3$）/ （$CaO+MgO+Na_2O$）	深度/cm	（$CaO+K_2O+Na_2O+$ MgO）/Al_2O_3	（$Al_2O_3+Fe_2O_3$）/ （$CaO+MgO+Na_2O$）
502	1.038	3.177	544	1.118	3.111
504	0.879	4.448	546	0.916	3.788
506	0.781	4.638	549	0.915	4.100
508	0.755	4.817	552	1.078	4.207
510	0.809	4.186	555	1.020	3.497
512	0.945	3.681	558	1.283	2.319
514	0.897	4.002	561	1.154	2.767
516	1.471	2.163	564	1.176	2.629
518	1.532	2.087	566	1.257	2.844
520	1.032	3.236	568	1.257	2.412
522	1.535	2.117	570	1.196	2.588
524	1.411	2.265	572	1.292	2.369
526	1.550	2.069	574	1.347	1.872
528	1.566	2.098	576	1.234	2.640
530	1.517	2.147	578	1.229	2.611
532	1.621	2.023	580	1.214	2.759
534	1.666	1.980	582	1.256	2.599
536	1.576	2.079	584	1.217	2.852
538	0.837	4.705	586	0.920	4.102
540	1.163	2.688	588	0.803	5.099
542	1.478	1.627	590	0.791	5.615

三、水田桥剖面环境变化记录

该剖面高约 3m，0～120cm 为褐黄色粉砂质黏土，120～240cm 为灰色粉砂质黏土，240～300cm 为褐黄色粉砂质黏土。在 120～240cm 段间隔 2.0cm 进行连续采样，共采集样品 60 个。将 60 个样品进行地球化学元素分析、粒度分析、烧失量测试。在122cm、172cm、202cm、222cm、232cm、240cm 采集[14]C 年代样品 6 个。年代在中国科学院南京地理与湖泊研究所湖泊与环境国家重点实验室进行测试，测得的结果采用OxcalVersion3.9软件进行树轮校正，结果见表5-3。

表 5-3　样品^{14}C 年代结果（高华中，2015）

埋藏深度/cm	样品名称	测年材料	^{14}C 年龄/a BP	校正年龄/cal a BP
122	粉砂质黏土	有机碳	4,181±216	4,698±283
172	粉砂质黏土	有机碳	5,937±226	6,755±273
202	粉砂质黏土	有机碳	8,447±267	9,369±341
222	粉砂质黏土	有机碳	10,962±325	12,939±321
232	粉砂质黏土	有机碳	12,605±322	14,681±489
240	粉砂质黏土	有机碳	14,071±427	16,866±666

（一）地球化学元素揭示的环境变化

1. 地球化学元素测试结果

该剖面中 SiO_2 的含量最多，平均达 61.78%，其次是 Al_2O_3，平均含量 17.38%，MnO_2、TiO_2、P_2O_5 含量相对较少。微量元素 Rb、Zr、V、Cr、Zn、Sr 的含量较高，As、Pb、Cu、Co、Ni 含量相对较少。具体含量情况见表 5-4。

表 5-4　样品地球化学元素分析结果（高华中，2015）

化学元素		最大值	最小值	平均值
常量元素/%	Al_2O_3	18.50	16.60	17.38
	CaO	1.49	0.99	1.16
	Fe_2O_3	8.79	6.55	7.18
	K_2O	2.80	2.29	2.50
	MgO	1.92	1.50	1.67
	MnO_2	0.12	0.08	0.11
	Na_2O	1.34	1.02	1.17
	P_2O_5	0.10	0.05	0.07
	SiO_2	63.57	59.07	61.78
	TiO_2	0.98	0.77	0.85
微量元素 /(μg/g)	As	16.2	9.4	11.7
	Pb	28.9	19.3	23.7
	Rb	153.1	124.1	136.1
	Sr	156.6	122.1	138.0
	Zr	233.2	180.8	210.0
	Zn	87.3	66.8	74.2
	Cu	43.4	31.1	37.4
	Co	21.7	15.2	17.7
	Ni	45.6	36.7	39.7
	Cr	118.5	93.5	106.3
	V	156.8	126.5	136.1

2. 常量元素反映的环境变化

（1）约 16.87 ~ 13.63ka BP 在剖面上对应的深度为 240 ~ 226cm。SiO_2 的范围为 61.62% ~ 62.84%，平均值为 62.25%；Al_2O_3 的范围为 16.60% ~ 17.33%，平均值为 16.98%；Na_2O、CaO 的范围分别为 1.23% ~ 1.32%、1.27% ~ 1.39%，平均值分别为 1.29%、1.32%。SiO_2、Na_2O、CaO 的含量整体都处于较高水平，Al_2O_3 的含量较低，SiO_2/Al_2O_3、Na_2O/K_2O、$(K_2O+Na_2O+CaO)/Al_2O_3$ 比值较大（图5-1、图5-2）。这些都显示了这一时段气候较为寒冷干燥。

（2）约 13.63 ~ 10.44ka BP 在剖面上对应的深度为 226 ~ 208cm。SiO_2 的范围为 61.11% ~ 63.57%，平均值为 62.77%；Na_2O 的范围为 1.26% ~ 1.34%，平均值为 1.30%；Al_2O_3 的范围为 16.70% ~ 17.05%，平均值为 16.88%。SiO_2、Na_2O 的含量高于上一时段，Al_2O_3 的含量低于上一时段，显示气候环境比上一阶段更为干旱。SiO_2/Al_2O_3、Na_2O/K_2O 的值基本上处于剖面的高值时段（图5-1、图5-2），也反映了干冷的气候环境。尤其是在该时段后期（12.58 ~ 10.44ka BP，220 ~ 208cm），Al_2O_3 的含量突降至最低，SiO_2、Na_2O 的含量则为明显的高值，SiO_2/Al_2O_3 比值也呈现高值，说明该时段出现了剧烈降温的新仙女木气候事件（YD气候事件）。

（3）约 10.44 ~ 8.67ka BP 在剖面上对应的深度为 208 ~ 194cm。SiO_2 的范围为 61.58% ~ 62.75%，平均值为 62.10%；Na_2O、CaO 的范围分别为 1.16% ~ 1.27%、1.13% ~ 1.28%，平均值分别为 1.20%、1.19%；SiO_2、Na_2O、CaO 的含量较上两个阶段大幅下降。Al_2O_3 的范围为 16.59% ~ 17.49%，平均值为 17.06%，增长较为明显。SiO_2/Al_2O_3、Na_2O/K_2O、$(K_2O+Na_2O+CaO)/Al_2O_3$ 比值在该时段大幅减小（图5-1、图5-2）。这一时段化学风化作用强烈，易侵蚀元素迁移较多，说明降水增多，气温回升。

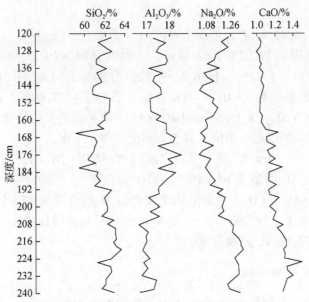

图 5-1　水田桥剖面常量元素含量随深度的变化曲线（据高华中，2015）

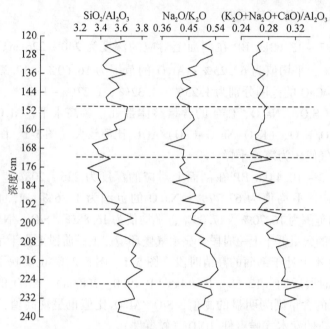

图5-2　水田桥剖面常量元素比值随深度的变化曲线（据高华中，2015）

（4）约 8.67 ~ 6.76ka BP 在剖面上对应的深度为 194 ~ 172cm。该时段 SiO_2、Na_2O、CaO 的含量继续下降，SiO_2 的范围为 59.18% ~ 62.55%，平均值为 61.02%；Na_2O、CaO 的范围分别为 1.02% ~ 1.20%、1.12% ~ 1.28%，平均值分别为 1.11%、1.16%；Al_2O_3 的含量达到剖面的最大值，平均值为 17.84%。SiO_2/Al_2O_3 值减小较为迅速，Na_2O/K_2O、$(K_2O+Na_2O+CaO)/Al_2O_3$ 比值也都在波动中减小（图5-1、图5-2）。易迁移元素含量继续减少，揭示了该时段环境温暖湿润，降水增多，化学风化继续增强。

（5）约 6.76 ~ 5.85ka BP 在剖面上对应的深度为 172 ~ 150cm。SiO_2 的含量比上一时段有所增加，范围为 59.07% ~ 62.44%，平均值为 61.42%；Na_2O、CaO 的范围分别为 1.02% ~ 1.20%、1.12% ~ 1.28%，平均值分别为 1.11%、1.16%，比上一时段略有减少；Al_2O_3 的范围为 17.07% ~ 18.18%，平均值 17.60%，比上一阶段减少；SiO_2/Al_2O_3、Na_2O/K_2O、$(K_2O+Na_2O+CaO)/Al_2O_3$ 值都呈增大趋势（图5-1、图5-2）。反映了该时段气候仍然温暖，但降水减少，环境趋向干旱化。

（6）约 5.85 ~ 4.70ka BP 在剖面上对应的深度为 150 ~ 120cm。SiO_2 的范围为 60.95% ~ 62.76%，平均值为 61.68%；Na_2O 的范围为 1.06% ~ 1.24%，平均值为 1.15%。该时段 SiO_2、Na_2O 的含量继续增加；Al_2O_3 的范围为 17.04% ~ 17.89%，平均值 17.52%，比上一阶段略小；Na_2O/K_2O 值呈明显的增长趋势。揭示该时段降水比上一阶段多，气温较高，环境温暖。

3. 微量元素反映的环境变化

（1）约 16.87 ~ 13.63ka BP 在剖面上对应的深度为 240 ~ 226cm。该阶段 Rb 的含量

为 127.8 ~ 132.8μg/g，平均值为 130.6μg/g；Sr 的含量为 145.0 ~ 152.9μg/g，平均值
为 149.8μg/g；Zr 的含量为 206.9 ~ 228.9μg/g，平均值为 219.3μg/g；Cu 的含量为
32.6 ~ 36.0μg/g，平均值为 34.1μg/g；V 的含量为 127.4 ~ 136.8μg/g，平均值为
133.0μg/g。Rb/Sr 的平均值为 0.87，Sr/Cu 的平均值为 4.39，V/Zr 的平均值为 0.61。
Rb 的含量较低，Sr 的含量较高，V 和 Cu 的含量较低（图 5-3）。这些都显示了当时降
水较少，环境比较干旱。

（2）约 13.63 ~ 10.44ka BP 在剖面上对应的深度为 226 ~ 208cm。该阶段 Rb 的含量
为 126.4 ~ 131.7μg/g，平均值为 128.5μg/g；Sr 的含量为 143.4 ~ 156.6μg/g，平均值
为 150.5μg/g；Zr 的含量为 214.6 ~ 233.2μg/g，平均值为 225.1μg/g；Cu 的含量为
31.1 ~ 35.7μg/g，平均值为 33.1μg/g；V 的含量为 127.6 ~ 134.0μg/g，平均值为
130.4μg/g。Rb/Sr 的平均值为 0.85，Sr/Cu 的平均值为 4.65，V/Zr 的平均值为 0.58。
Rb 的含量降低，Sr 的含量升高但后期迅速降低，V 和 Cu 的含量也减少（图 5-3）。
Rb/Sr 的比值在后期迅速上升，Sr/Cu 的比值则在波动中急剧下降，显示了气候继续干
旱化，尤其在 12.58 ~ 10.44ka BP 之间 Sr 的含量、Sr/Cu 值减小突出，表明气候环境迅
速变干变冷（图 5-3）。从时间对应上来看，该时段对应于晚冰期即将结束全新世开始
前的 YD 气候事件。

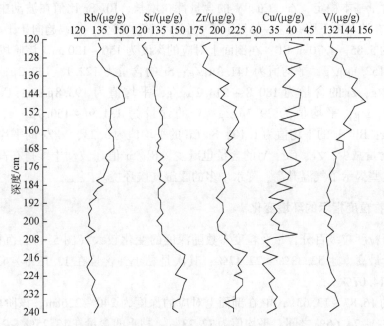

图 5-3　水田桥剖面微量元素含量随深度的变化曲线（据高华中，2015）

（3）约 10.44 ~ 8.67ka BP 在剖面上对应的深度为 208 ~ 194cm。该阶段 Rb 的含量
为 124.1 ~ 131.6μg/g，平均值为 127.5μg/g；Sr 的含量为 132.8 ~ 139.8μg/g，平均值
为 136.5μg/g；Zr 的含量为 200.3 ~ 207.5μg/g，平均值为 203.6μg/g；Cu 的含量为
33.7 ~ 41.7μg/g，平均值为 36.0μg/g；V 的含量为 126.5 ~ 134.4μg/g，平均值为
130.4μg/g。Rb/Sr 的平均值为 0.94，Sr/Cu 的平均值为 3.81，V/Zr 的平均值为 0.64。

Rb 含量增长，Sr 含量减少，Rb/Sr 值上升，Zr、Cu 含量上升，V 保持稳定，Sr/Cu 值较为稳定（图 5-3）。这些都显示了 YD 气候事件结束，进入全新世气候回暖，降水增多。

（4）约 8.67~6.76ka BP 在剖面上对应的深度为 194~172cm。该阶段 Rb 的含量为 127.8~141.4μg/g，平均值为 134.5μg/g；Sr 的含量为 133.6~138.4μg/g，平均值为 135.4μg/g；Zr 的含量为 197.4~209.6μg/g，平均值为 205.0μg/g；Cu 的含量为 33.2~40.5μg/g，平均值为 37.0μg/g；V 的含量为 127.0~135.5μg/g，平均值为 131.0μg/g。Rb/Sr 的平均值为 0.99，Sr/Cu 的平均值为 3.68，V/Zr 的平均值为 0.64。Rb 的含量增长，Sr 的含量继续减小，Rb/Sr 值上升较快，Sr/Cu 值在波动中下降（图 5-3）。揭示了气候总体转向暖湿，但又冷暖波动、干湿交替。该时段处于全新世大暖期的早期，气候环境变化表现为不稳定的冷暖波动。

（5）约 6.76~5.85ka BP 在剖面上对应的深度为 172~150cm。该阶段 Rb 的含量为 139.2~153.1μg/g，平均值为 144.1μg/g；Sr 的含量为 132.2~139.6μg/g，平均值为 135.4μg/g；Zr 的含量为 205.0~226.7μg/g，平均值为 215.9μg/g；Cu 的含量为 36.9~43.4μg/g，平均值为 40.4μg/g；V 的含量为 133.3~156.8μg/g，平均值为 143.2μg/g。Rb/Sr 的平均值为 1.06，Sr/Cu 的平均值为 3.36，V/Zr 的平均值为 0.66。Rb 的含量增加，Sr 的含量基本稳定，Zr、Cu、V 的含量都在增长，Rb/Sr 比值在波动中略有上升，Sr/Cu 比值在波动中下降。这些都显示了中全新世降水减少，气候趋向于干旱化。

（6）约 5.85~4.70ka BP，在剖面上对应的深度为 150~120cm。该阶段 Rb 的含量为 133.3~152.1μg/g，平均值为 141.3μg/g；Sr 的含量为 122.1~132.2μg/g，平均值为 128.1μg/g；Zr 的含量为 180.8~214.2μg/g，平均值为 193.8μg/g；Cu 的含量为 37.0~43.3μg/g，平均值为 39.7μg/g；V 的含量为 131.9~150.9μg/g，平均值为 140.82μg/g；Rb/Sr 的平均值为 1.10，Sr/Cu 的平均值为 3.23，V/Zr 的平均值为 0.73。Rb、Sr 的含量减少，Zr、Cu、V 的含量也减少，Rb/Sr 值在波动中维持在高值，Sr/Cu 值减小。这些揭示了气温升高、降水增多的暖湿气候环境。

（二）沉积物粒度指示的环境变化

该剖面粒度粒级百分含量及粒度参数随深度的变化较大（图 5-4），沉积物颗粒组成粉砂含量最高，达 52.33%~77.47%；其次是黏土，含量在 12.18%~43.41%；砂的含量 0~14.07%。

（1）约 16.87~13.63ka BP 在剖面上对应的深度为 240~226cm。该阶段粉砂的含量在 68.46%~74.66% 之间，平均值为 72.23%；黏土的含量在 13.25%~21.59%，平均值为 16.49%；砂的含量在 9.31%~14.07%，平均值为 11.28%。中值粒径的范围在 5.72~6.59Φ，平均值为 6.02Φ；平均粒径的范围在 5.87~6.55Φ，平均值为 6.11Φ；分选系数的变化范围为 -1.93~-1.78，平均值为 -1.86；偏态和峰态的范围分别为 -0.14~-0.06、0.94~1.14。该阶段沉积物以粉砂为主，分选很好。

（2）约 13.63~10.44ka BP 在剖面上对应的深度为 226~208cm。该阶段粉砂的含量在 68.16%~75.28% 之间，平均值为 72.14%；黏土的含量比上一阶段略有上升，砂

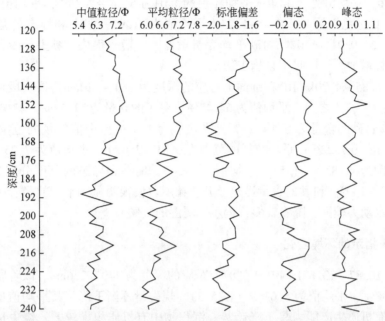

图 5-4　水田桥剖面沉积物粒度参数随深度的变化曲线（据高华中，2015）

的含量略有下降。中值粒径的范围在 5.87 ~ 7.15Φ，平均值为 6.43Φ；平均粒径的范围在 6.23 ~ 7.12Φ，平均值为 6.67Φ；分选系数的平均值为 -1.85，偏态、峰态的平均值分别为 0.063、0.96，反映了沉积物颗粒成分上升，分选性下降。尤其是在该时段的后期（12.58 ~ 10.44ka BP），平均粒径、中值粒径均迅速减小，粉砂、砂的百分含量骤然下降，黏土颗粒的比值增长很快，偏态变正，这些都反映了这一时期沉积物颗粒迅速变细，水动力减弱，降水减少，气候变干，正好对应了晚冰期末期的 YD 气候事件。

（3）约 10.44 ~ 8.67ka BP 在剖面上对应的深度为 208 ~ 194cm。该阶段粉砂的含量在 67.43% ~ 77.31% 之间，平均值为 73.69%；砂的含量在 4.25% ~ 7.72%，平均值为 6.27%。中值粒径的范围在 5.93 ~ 7.01Φ，平均值为 6.33Φ；平均粒径的范围在 6.09 ~ 7.01Φ，平均值为 6.33Φ；分选系数的变化范围为 -1.78 ~ -1.69，平均值为 -1.73；偏态和峰态的范围分别为 -0.18 ~ -0.02、0.93 ~ 1.05。粉砂含量上升，分选比上阶段更好，偏态值为负偏，表明进入全新世后气候变暖变湿。

（4）约 8.67 ~ 6.76ka BP 在剖面上对应的深度为 194 ~ 172cm。该阶段粉砂的含量在 57.16% ~ 77.47% 之间，平均值为 69.67%；黏土的平均值为 23.42%，砂的平均值为 6.92%。中值粒径的范围在 5.50 ~ 7.34Φ，平均值为 6.53Φ；平均粒径的范围在 5.80 ~ 7.22Φ，平均值为 6.57Φ；分选系数的变化范围为 -1.98 ~ -1.68，平均值为 -1.82；偏态和峰态的范围分别为 -0.28 ~ -0.11、0.92 ~ 1.05。粒度组分及参数波动幅度较大，说明气候干湿波动剧烈。

（5）约 6.76 ~ 5.85ka BP 在剖面上对应的深度为 172 ~ 150cm。该阶段粉砂的含量在 53.60% ~ 73.15% 之间，平均值为 61.13%；黏土的含量为 20.39% ~ 40.26%，平均值为 33.29%；砂的含量为 4.35% ~ 6.94%，平均值为 5.58%。中值粒径的范围为

6.54～7.48Φ，平均值为7.14Φ；平均粒径的范围为6.54～7.35Φ，平均值为7.07Φ；分选系数的变化范围为-2.07～-1.75，平均值为-1.92；偏态和峰态的范围分别为-0.03～-0.12、0.91～1.02。粉砂平均含量虽低，但增幅很快，黏土、砂含量则逐渐降低，粗颗粒增加，气候暖干且趋于稳定。

（6）约5.85～4.70ka BP在剖面上对应的深度为150～120cm。该阶段粉砂的含量在52.33%～76.07%之间，平均值为64.45%；黏土的含量为23.52%～43.41%，平均值为33.78%；砂的含量为0～4.27%，平均值为1.77%。中值粒径的范围为6.67～7.69Φ，平均值为7.22Φ；平均粒径的范围为6.81～7.57Φ，平均值为7.25Φ；分选系数的变化范围为-1.83～-1.57，平均值为-1.69；偏态和峰态的范围分别为-0.18～-0.12、0.93～1.09。粉砂的含量迅速上升，粒度负偏很明显，平均粒径、中值粒径都较大，说明水动力较强，降水较多，揭示了暖湿的气候环境。

（三）烧失量指示的环境变化

（1）约16.87～13.63ka BP在剖面上对应的深度为240～226cm。该阶段烧失量为5.48%～5.88%，平均值为5.61%（图5-5）。烧失量逐渐下降，其平均值也较低，反映了该时期有机质生产能力呈下降趋势。沉积物中有机质积累较差，烧失量较低，揭示了寒冷干燥的气候环境。

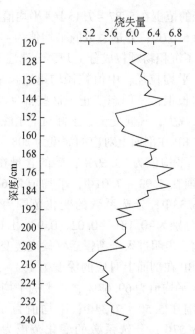

图5-5 水田桥剖面烧失量随深度的变化曲线（据高华中，2015）

（2）约13.63～10.44ka BP在剖面上对应的深度为226～208cm。该阶段烧失量范围在5.50%～5.84%，平均值为5.43%（图5-5）。烧失量继续下降，有机质含量继续降低，气候干冷化趋势加强。尤其在220～208cm（12.58～10.44ka BP）烧失量降到最低值5.16%，气候干冷，对应了晚冰期即将结束时的YD气候事件。

（3）约 10.44～8.67ka BP 在剖面上对应的深度为 208～194cm。该阶段烧失量为 5.63%～5.97%，平均值为 5.79%（图 5-5）。烧失量比上一阶段明显上升，指示着进入全新世后温度的快速上升和降水的增多促进了生物的生长和有机质的积累，说明气候环境由晚冰期寒冷干燥向全新世早期的冷湿转变，但气候并不稳定，仍有波动。

（4）约 8.67～6.76ka BP 在剖面上对应的深度为 194～172cm。该阶段烧失量出现了较大的增长幅度，范围为 5.66%～6.76%，平均值为 6.29%（图 5-5）。说明有机质积累继续增多，环境比上一阶段湿润，气温较高，暖湿是这一阶段的气候特征。

（5）约 6.76～5.85ka BP 在剖面上对应的深度为 172～150cm。该阶段烧失量在 5.72%～6.43%，平均值为 6.07%（图 5-5）。烧失量逐步减小，说明有机质的积累量在减小，植物的生长受到降水的限制而缩减，环境趋于干旱化。

（6）约 5.85～4.70ka BP 在剖面上对应的深度为 150～120cm。该阶段烧失量为 6.18%～6.58%，平均值为 6.23%（图 5-5）。烧失量大幅增长，尤其是开始阶段增长迅速，说明有机质的积累在增加，环境较上一阶段温暖湿润。

四、沭埠岭剖面环境变化记录

该剖面位于临沂市河东区，地理坐标为 35°02′38″N，118°24′27″E。剖面 0～17cm 为灰黄色黏质粉砂，17～114cm 为黑灰色粉砂质黏土，114～140cm 为褐黄色粉砂质黏土。每 2cm 采集一个样品，共采集地球化学元素分析样品 67 个。在 24cm、54cm、74cm、94cm、114cm、116cm 采集 [14]C 年代样品 6 个，样品在中国科学院南京地理与湖泊研究所湖泊与环境国家重点实验室进行测试，测试结果见表 5-5。

表 5-5　沭埠岭剖面 [14]C 年代样品的测试结果（高华中，2016）

埋藏深度/cm	样品名称	测年材料	[14]C 年龄/a BP	校正年龄/cal a BP
24	粉砂质黏土	有机碳	2,483±210	2,552±239
54	粉砂质黏土	有机碳	3,631±302	3,986±373
74	粉砂质黏土	有机碳	4,137±195	4,646±240
94	粉砂质黏土	有机碳	5,441±211	6,201±213
114	粉砂质黏土	有机碳	6,566±312	7,472±314
116	粉砂质黏土	有机碳	7,208±360	7,880±319

（一）地球化学元素揭示的环境变化

1. 地球化学元素的含量

该剖面中 SiO_2 的含量最多，平均达 55.47%，其次是 Al_2O_3，平均含量 19.34%，MnO_2、TiO_2、Na_2O、P_2O_5 含量相对较少。微量元素 Rb、Zr、V、Cr、Zn 的含量比 As、Pb、Cu、Co、Ni 多。具体含量情况见表 5-6、表 5-7。

表 5-6   沭埠岭剖面常量元素含量（高华中，2015）   单位:%

	Al$_2$O$_3$	CaO	Fe$_2$O$_3$	K$_2$O	MgO	MnO	Na$_2$O	P$_2$O$_5$	SiO$_2$	TiO$_2$
最小值	17.21	1.04	5.93	2.17	1.66	0.07	0.45	0.08	49.05	0.73
最大值	21.14	1.38	10.02	2.91	2.06	0.25	1.54	0.10	61.66	1.00
平均值	19.34	1.14	8.34	2.55	1.85	0.12	0.87	0.09	55.47	0.88

表 5-7   沭埠岭剖面微量元素含量（高华中，2015）   单位：mg/kg

	As	Pb	Rb	Sr	Zr	Zn	Cu	Co	Ni	Cr	V
最小值	9.8	25.3	119.7	87.9	159.9	64.1	29.7	15.6	38.5	105.3	127.5
最大值	20	39	161.3	148.3	273.2	110.8	61.7	33.6	59.4	133.3	193
平均值	14.1	32.6	148.2	106.4	180.6	90.6	43.6	23.1	48.9	120.0	160.6

2. 常量元素反映的气候变化

（1）约 7.90~6.20ka BP 在剖面上对应的深度为 116~94cm。Al$_2$O$_3$ 含量介于 17.21%~21.14% 之间，平均值为 19.97%；Fe$_2$O$_3$ 含量介于 5.93%~9.39% 之间，平均值为 8.04%；TiO$_2$ 含量介于 0.73%~0.80% 之间，平均值为 0.77%（图 5-6）。三者含量均从含量最小值开始逐渐增大，说明在这个时期化学风化作用变强，气候向温暖湿润变化。

（2）约 6.20~5.50ka BP 在剖面上对应的深度为 94~84cm。Al$_2$O$_3$ 含量介于 19.16%~21.14% 之间，平均值为 20.21%；Fe$_2$O$_3$ 含量介于 9.39%~10.02% 之间，平均值为 9.63%；TiO$_2$ 含量介于 0.78%~0.93% 之间，平均值为 0.85%（图 5-6）。三者含量的平均值均高于整个剖面的平均值，且呈增大趋势，指示该时期是最为温暖湿润的时期。

（3）约 5.50~4.40ka BP 在剖面上对应的深度为 84~68cm。Al$_2$O$_3$ 含量介于 19.16%~20.26% 之间，平均值为 19.70%；Fe$_2$O$_3$ 含量介于 8.10%~10.02% 之间，平均值为 9.25%；TiO$_2$ 含量介于 0.92%~0.96% 之间，平均值为 0.94%（图 5-6）。三者的含量仍然较高，说明该时期气候持续温湿。

（4）约 4.40~3.99ka BP 在剖面上对应的深度为 68~54cm。Al$_2$O$_3$ 含量介于 19.08%~19.65% 之间，平均值为 19.21%；Fe$_2$O$_3$ 含量介于 7.72%~8.13% 之间，平均值为 7.96%；TiO$_2$ 含量介于 0.92%~0.93% 之间，平均值为 0.92%（图 5-6）。三者的含量较上一个时间段均减少，指示降水量有所减少，气候开始向冷干转变。

（5）约 3.99~3.00ka BP 在剖面上对应的深度为 54~34cm。Al$_2$O$_3$ 含量介于 18.12%~19.65% 之间，平均值为 18.68%；Fe$_2$O$_3$ 含量介于 7.67%~8.90% 之间，平均值为 8.11%；TiO$_2$ 含量介于 0.90%~1.00% 之间，平均值为 0.94%（图 5-6）。三者在该时段均发生较波折的变化，在大约 3200a BP 时出现较剧烈的变化，说明该时期气候不稳定。

（6）约 3.00~2.60ka BP 在剖面上对应的深度为 34~24cm。Al$_2$O$_3$ 含量介于

17.98% ~18.31% 之间，平均值为 18.14%；Fe₂O₃ 含量介于 7.50% ~7.74% 之间，平均值为 7.63%；TiO₂ 含量介于 0.90% ~0.92% 之间，平均值为 0.91%（图 5-6）。三者在该时期均明显减小，说明该时段降水量减小，温度下降，处于气候冷干时期。

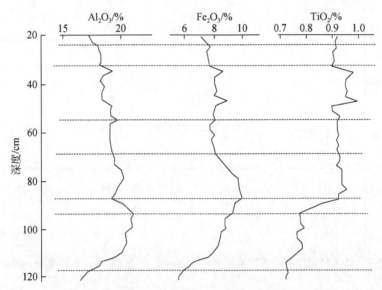

图 5-6　沭埠岭剖面 Al₂O₃ 等指标随深度变化曲线示意图（据高华中，2015）

3. 常量元素比值反映的气候变化

（1）约 7.90 ~6.20ka BP 在剖面上对应的深度为 116 ~94cm。淋溶系数值的范围是 0.27 ~0.394，平均值为 0.311。残积系数值的范围是 5.04 ~8.87，平均 7.28。CaO/MgO 值介于 0.64 ~0.82 之间，平均值为 0.69。硅铝率的范围是 2.32 ~3.58，平均值为 2.71。硅铝铁率介于 1.61 ~2.66 之间，平均值是 1.94。淋溶系数、CaO/MgO、硅铝率、硅铝铁率由大逐渐变小，而残积系数由小逐渐变大（图 5-7），指示化学风化作用开始加强，降水量开始增多，气候向暖湿转变。

（2）约 6.20 ~4.70ka BP 在剖面上对应的深度为 94 ~74cm。淋溶系数值的范围是 0.27 ~0.31，平均值为 0.29。残积系数值的范围是 7.89 ~8.87，平均 8.51。CaO/MgO 值介于 0.56 ~0.65 之间，平均值为 0.62。硅铝率的范围是 2.32 ~2.79，平均值为 2.61。硅铝铁率介于 1.61 ~1.83 之间，平均值是 1.76。淋溶系数、硅铝率、硅铝铁率变化趋势一致，稳步增加，但增加幅度不大，三者在该时间段的平均值均低于整个剖面的平均值，且是分段剖面中最小的。残积系数呈现减小趋势，相对应的变化幅度不大（图 5-7）。各项气候代用指标指示该时期是气候最为温暖湿润的时期。

（3）约 4.70 ~3.99ka BP 在剖面上对应的深度为 74 ~54cm。淋溶系数值的范围是 0.31 ~0.36，平均值为 0.34。残积系数值的范围是 6.53 ~7.98，平均 7.00。CaO/MgO 值介于 0.53 ~0.56 之间，平均值为 0.55。硅铝率的范围是 2.64 ~3.02，平均值为 2.88。硅铝铁率介于 1.81 ~2.15 之间，平均值是 2.02。淋溶系数、硅铝率、硅铝铁率

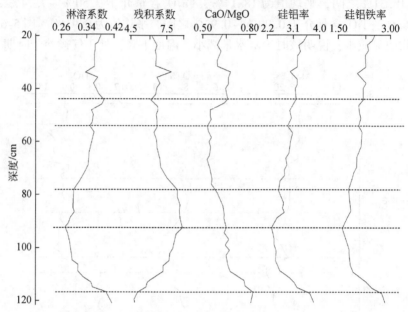

图 5-7   沭埠岭剖面淋溶系数等化学指标随深度的变化曲线（据高华中，2015）

逐渐变大，而残积系数逐渐变小（图 5-7），指示化学风化作用减弱，降水量减少，气候向冷干转变。

（4）约 3.99~3.50ka BP 在剖面上对应的深度为 54~44cm。淋溶系数值的范围是 0.34~0.39，平均值为 0.36。残积系数值的范围是 6.15~6.81，平均值为 6.61。CaO/MgO 值介于 0.54~0.66 之间，平均值为 0.58。硅铝率的范围是 2.87~3.17，平均值为 3.02。硅铝铁率介于 2.03~2.20 之间，平均值是 2.10。淋溶系数、CaO/MgO、硅铝率、硅铝铁率、残积系数各项指标在该时段变化波折较大（图 5-7），说明该时期气候不稳定。

（5）约 3.50~2.60ka BP 在剖面上对应的深度为 44~24cm。淋溶系数值的范围是 0.33~0.39，平均值为 0.36。残积系数值的范围是 6.15~7.81，平均 6.73。CaO/MgO 的值介于 0.59~0.67 之间，平均值为 0.63。硅铝率的范围是 2.97~3.32，平均值为 3.19。硅铝铁率介于 2.05~2.34 之间，平均值是 2.23。各项指标数值变化波折，在 34cm 处，大约 3100a BP 出现小峰小谷（图 5-7），指示该时段气候干湿变化不稳定。

4. 微量元素反映的气候变化

该研究剖面范围内，Sr 的含量介于 87.9~148.3mg/kg 之间，平均含量为 106.4mg/kg；Rb/Sr 值介于 0.807~1.714 之间，平均值是 1.4；Sr/Cu 值介于 1.3~5.0 之间；V 的含量介于 127.5~193mg/kg 之间，平均含量为 160.6mg/kg（图 5-8）。

（1）约 7.90~6.20ka BP 在剖面上对应的深度为 116~94cm。Sr 的含量介于 87.9~148.3mg/kg 之间，从该剖面最大值迅速变小，说明在该时段 Sr 随地表径流迁移。Rb/Sr 值介于 0.807~1.714 之间，比值迅速变大，平均值为 1.361。V 的含量介于 127.5~

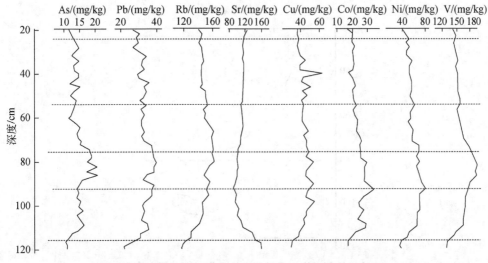

图 5-8　沭埠岭剖面微量元素含量随深度的变化变化曲线（据高华中，2015）

173.9mg/kg 之间，由最小值开始逐渐增大，平均值为 159.2mg/kg。Sr/Cu 值一直处于小于 5.0 的范围内。各项指标指示该时段化学风化作用变强，气候总体变湿润，降水量增加。

（2）约 6.20~4.70ka BP 在剖面上对应的深度为 94~74cm。Sr 的含量介于 87.9~98.2mg/kg 之间，该时段 Sr 的含量变化稳定，平均值为 94.4mg/kg，在整个剖面中平均含量最小。Rb/Sr 值在 1.55~1.71 之间呈现出平稳增大的趋势，平均值为 1.6，是整个研究剖面平均值最大的时段。V 的含量介于 127.5~193.0mg/kg 之间，平均值为 178.4mg/kg。Sr/Cu 值比较稳定。说明该时期的气候处于温暖湿润时期，是最适宜的时期。

（3）约 4.70~3.99ka BP 在剖面上对应的深度为 74~54cm。Sr 的含量在 87.9~98.2mg/kg 之间慢慢变大，且变化稳定，平均值为 105.9mg/kg。Rb/Sr 值在 1.37~1.63 之间呈现出平稳减小的趋势，平均为 1.5。V 的含量介于 151.5~179.5mg/kg 之间，平均值为 161.3mg/kg。各项指标指示，该时段与 92~76cm 沉积时段相比，降水量有所减少，气候开始变干，气温有所下降，气候由暖湿向冷干转变。

（4）约 3.99~2.60ka BP 在剖面上对应的深度为 54~24cm。Sr 的含量介于 104.6~114.6mg/kg 之间，平均值为 111.1mg/kg，相比 74~54cm 的沉积层平均值有所增大。Rb/Sr 值处于 1.55~1.71 之间，平均值为 1.3，有所减小。V 的含量介于 145.1~158.7mg/kg 之间，平均值为 150.1mg/kg，处于减小的趋势。综合各项指标指示气候持续冷干。

（二）烧失量反映的气候变化

该研究剖面沉积物烧失量值介于 7.0%~13.58% 之间，平均值为 9.26%（图 5-9）。

（1）约 7.90~6.20ka BP 在剖面上对应的深度为 116~94cm。该时段烧失量的范围

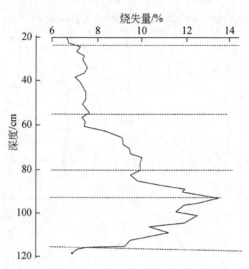

图 5-9　沭埠岭剖面烧失量随深度的变化曲线（据高华中，2015）

是 7.37% ~ 13.58%，平均值是 11.20%，烧失量整体呈现出变大的趋势，达到整个剖面中烧失量的最大值，指示气候发生变化，降水量增加。

（2）约 6.20 ~ 5.10ka BP 在剖面上对应的深度为 94 ~ 80cm。该时段烧失量的范围是 9.60% ~ 13.58%，平均值是 11.05%，烧失量呈现变小的趋势，变化幅度比下部沉积层小，有机质大量积累，指示该时段气候是温暖湿润时期。

（3）约 5.10 ~ 3.99ka BP 在剖面上对应的深度为 80 ~ 54cm。该时段烧失量的范围是 7.37% ~ 10.1%，平均值是 8.94%，相比上一个阶段明显变小，且总体上一直处于变小的变化之中，指示该时期气候开始发生变化，由温暖湿润向冷干转变。

（4）约 3.99 ~ 2.60ka BP 在剖面上对应的深度为 54 ~ 24cm。该时段烧失量的范围是 7.0% ~ 7.75%，平均值是 7.41%，是整个研究剖面中最小的。在埋深 38cm 处，烧失量明显变小，说明在大约 3.22ka BP 出现了一次明显的降温，这个时期的气候处于不稳定的波动时期。

（三）沉积物粒度指示的环境变化

该剖面研究时段内沉积物平均粒径为 5.794 ~ 68.318μm，平均为 11.297μm。中值粒径的范围是 4.949 ~ 21.981μm，平均为 7.890μm。分选系数介于 4.248 ~ 108.594 之间，平均为 11.187。偏度介于 0.384 ~ 0.856 之间，平均为 0.542。峰态值在 1.05 ~ 3.309 之间，平均为 1.373（图 5-10）。

（1）约 7.90 ~ 7.47ka BP 在剖面上对应的深度为 116 ~ 114cm。深度 116cm、114cm 两个样品的粒度组成和粒度参数差别较大，深度 116cm 样品各项粒度参数均为研究剖面的最大值，砂组分的含量也最大。粒度指示在该时段内气候变化剧烈。

（2）约 7.47 ~ 6.58ka BP 在剖面上对应的深度为 114 ~ 100cm。砂组分的含量开始减少，细砂和黏土的含量逐渐变大，平均粒径为 13.603μm，说明该时段的气候较前一个时段温暖湿润，降水量增大，使得地表径流增大，陆源粗粒物质随地表径流进入沉积层。

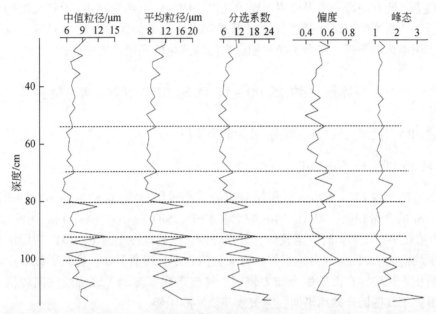

图 5-10　沭埠岭剖面沉积物粒度参数随深度的变化曲线（据高华中, 2015）

（3）约 6.58～6.20ka BP 在剖面上对应的深度为 100～94cm。黏土含量减少, 细粉砂和粉砂组分开始增大, 中值粒径和平均粒径较大, 分选系数处于 6.197～23.67 之间, 分选性差, 说明粒度组成变化较大。偏度介于 0.48～0.589, 属于极正偏。该时期气候处于暖湿时期, 但是各曲线变化波动较大, 指示该时期气候不稳定, 发生多次气候干湿变化。

（4）约 6.20～5.20ka BP 在剖面上对应的深度为 94～82cm。黏土含量为整个研究剖面最大值, 细粉砂组分含量呈现变大的趋势, 平均粒径介于 8.009～19.296μm 之间, 平均为 11.086μm, 说明该时期气候是湿润的。在埋深 82cm 处, 大约 5.20ka BP, 平均粒径突然出现了一次激增, 粒度组分也出现了突变, 推测可能发生了全新世一次较大的古洪水事件。

（5）约 5.20～3.99ka BP 在剖面上对应的深度为 82～54cm。黏土含量开始减少, 粉砂含量逐渐变大, 平均粒径介于 5.974～10.532μm, 平均为 7.976μm, 是整个研究剖面的最低值, 说明地表径流量小, 所搬运的泥沙数量少, 颗粒较细, 沉积层上形成的沉积物粒度细。指示该时期降水量减少, 径流变小, 气候向冷干转变。

（6）约 3.99～2.60ka BP 在剖面上对应的深度为 54～24cm。平均粒径介于 7.075～12.467μm 之间, 平均值为 9.239μm。粒度组分以粉砂为主, 其中粗砂整体呈增多的趋势。指示该时期气候较上一个阶段气温开始有所回升, 但有波动。

第三节　沂河流域末次冰期最盛期以来的环境演变

末次冰期最盛期以来（约 15.00ka BP 至今）的气候环境演变是当今古气候古环境

研究的热点，已有的研究成果表明，晚冰期以来的气候表现为百年–千年尺度的快速波动，经历了一系列的冷暖交替事件。根据沂河流域几个剖面地球化学元素、粒度及烧失量等代用指标的分析，建立了晚冰期以来沂河流域的环境演变序列。

一、晚冰期（约 15.00 ~ 11.00ka BP）气候环境演变

根据剖面年代及气候代用指标，分为两个阶段。

1. 约 15.00 ~ 13.50ka BP

水田桥剖面约 240 ~ 226cm 沉积层对应的沉积时段是约 16.87 ~ 13.63ka BP，该层位 SiO_2、Sr 的含量较高，Al_2O_3、Rb 的含量较低，SiO_2/Al_2O_3、Na_2O/K_2O 的值较大，Rb/Sr 的值较小，说明当时气温较低、降水较少，气候以冷干为主。该沉积层沉积物粉砂含量平均值为 72.23%，分选很好，烧失量值较小且逐渐下降，反映了该时期沉积物中有机质积累较差，有机质生产能力较弱。这些指标都显示了该阶段气温较低，降水较少，虽处于气温回升的冰消期，但气候环境寒冷干燥。

2. 约 13.50 ~ 11.00ka BP

水田桥剖面约 226 ~ 208cm 沉积层对应的沉积时段是约 13.63 ~ 10.44ka BP，该层位 SiO_2 的含量比上一阶段高，Sr 的含量升高但该时段末期迅速降低，Al_2O_3、Rb 的含量均低于上一阶段，SiO_2/Al_2O_3、Na_2O/K_2O 及 Sr/Cu 的值基本上处于剖面的高值时期，Rb/Sr 值仍然较小。粉砂的平均含量 72.04%，与上一阶段相比变化不大，但黏土的含量比上一阶段略有上升，砂的含量略有下降。中值粒径较大，后期有个迅速减小的阶段，粒度组分上侧重正偏，烧失量下降，有机质含量继续降低。各项指标均显示了气候继续干冷化的趋势。尤其是在该时段后期（对应的水田桥剖面 220 ~ 208cm，12.58 ~ 10.44ka BP），Al_2O_3 的含量突降至最低，SiO_2、Na_2O 的含量则为明显的高值，SiO_2/Al_2O_3 值也呈现高值，Sr 的含量、Sr/Cu 值减小极为突出，沉积物中值粒径迅速减小，粉砂、砂的含量骤然下降，黏土颗粒的比重增长很快，分选值减小，偏态变正，烧失量也迅速减少。表明该时段水动力减弱，降水减少，气候变干，对应了晚冰期末段的新仙女木（YD）气候事件。

二、早全新世（约 11.00 ~ 8.50ka BP）气候环境演变

该阶段在水田桥剖面上对应的深度为 208 ~ 194cm（约 10.44 ~ 8.67ka BP）。与晚冰期相比，该阶段 SiO_2 的含量下降（平均值从 62.77% 降至 62.10%），Al_2O_3 的含量增长较为明显（平均值从 16.88% 增至 17.06%），SiO_2/Al_2O_3、Na_2O/K_2O 的值大幅减小。化学风化作用强烈，易侵蚀元素迁移较多，说明降水增多，气温回升。Rb 的含量从上一阶段结束时的较小值开始增长，Sr 的含量继续减小，Rb/Sr 值上升，Sr/Cu 值较为稳定。粉砂含量上升，偏态值为负偏，烧失量比上阶段明显上升。这些都表明在新仙女木

气候事件结束后，气候环境由末次冰消期的寒冷干燥向全新世早期的冷湿转变，但气候并不稳定，仍有波动。

三、中全新世（约 8.50～3.00ka BP）气候环境演变

大暖期一词由 Hasften 在 1976 年提出，指间冰期中最暖阶段，他建议的大暖期起于北欧 Blytt-Sernander 孢粉气候分期系列的北方期（Boreal）与大西洋期（Atlantic）过渡时（约 8.20ka BP），终于亚北方期（Subboreal）的后段（约 3300a BP）。我国学者对大暖期的起讫时间有不同的认识，例如：安芷生等（1991）依据黄土剖面磁化率曲线的高值期认为 9.00～5.00ka BP 相当于气候适宜期，周昆叔等（1978）根据孢粉分析认为北京平原的大暖期发生于 7.50～2.50ka BP，刘金陵（1989）则将河北平原东部的大暖期定在 9.00～3.50ka BP，施雅风等（1992a，b）认为 8.50～3.00ka BP 为我国大暖期。本文以施雅风先生的全新世大暖期作为中全新世进行讨论。大约分为六个阶段。

1. 约 8.50～7.50ka BP

在水田桥剖面上对应的深度约为 190～180cm，该时段 SiO_2 的含量继续下降，平均值从上一阶段的 62.10% 下降到约 61.0%，Al_2O_3 的含量继续上升，SiO_2/Al_2O_3 值减小较为迅速，Na_2O/K_2O 值也在减小（图 5-2）。Rb 的含量增长，Sr 的含量减少，Rb/Sr 值上升较快，Sr/Cu 值在波动中下降，易迁移元素减少。说明这一阶段环境湿润，降水增加，化学风化增强。粒度组分及参数曲线波动幅度较大，说明气候干湿变化剧烈。烧失量出现较大的增长幅度，有机质积累增多，气候总体转向暖湿，但冷暖波动，干湿交替。沭埠岭剖面上对应深度约为 116～115cm 处，Al_2O_3、Fe_2O_3、TiO_2 的含量开始增加，说明化学风化作用变强，气候开始向温暖湿润变化。淋溶系数、硅铝率、硅铝铁率由大逐渐变小，残积系数由小逐渐变大，Rb/Sr 值变大，V 的含量变高，烧失量也变大，均指示化学风化作用开始加强，降水开始增多，气候向暖湿变化。

2. 7.50～6.50ka BP

在水田桥剖面上对应的深度约为 180～170cm。该时段 SiO_2 的含量继续下降，Al_2O_3 的含量继续上升达到剖面的最大值，SiO_2/Al_2O_3 值减小较为迅速，Na_2O/K_2O 值也在减小（图 5-2）。Rb 含量增长，Sr 含量减小，Rb/Sr 值上升较快，Sr/Cu 值在波动中下降，易迁移元素减少。说明这一阶段降水增加，化学风化增强，气候温暖湿润。烧失量继续增长，有机质积累增多，气候总体温暖湿润。沭埠岭剖面上对应深度约为 115～98cm 处，Al_2O_3、Fe_2O_3、TiO_2 的含量继续增加，说明化学风化作用变强，气候温暖湿润。淋溶系数、硅铝率、硅铝铁率由大逐渐变小，残积系数由小逐渐变大，Rb/Sr 值变大，V 的含量变高，烧失量也变大，砂组分的含量比上一阶段减少，细砂和黏土的含量逐渐变高，陆源粗颗粒物质随地表径流进入沉积层。这些指标均指示降水量增大，地表径流增多，气候温暖湿润。

3. 约 6.50 ~ 5.50ka BP

在水田桥剖面上对应的深度约为 170 ~ 150cm。该时段 SiO_2 的含量比上一阶段有所增加，平均值从上一阶段的 61.02% 增长到约 61.42%，Al_2O_3 的含量较上一阶段减小，平均值从 17.84% 降至 17.60%，SiO_2/Al_2O_3、Na_2O/K_2O 值呈增大趋势。Rb 的含量增加，Sr 的含量基本稳定，Rb/Sr 值在波动中略有上升，Sr/Cu 值在波动中下降，粉砂平均含量较低，黏土、砂逐步递减。沭埠岭剖面上对应深度约为 98 ~ 85cm 处，Al_2O_3、Fe_2O_3、TiO_2 的含量均增加，平均值从上一阶段的约 19.97%、8.04%、0.77% 分别增加到 20.21%、9.63%、0.85%，指示气候温暖湿润。淋溶系数、硅铝率、硅铝铁率增大，残积系数呈现降低趋势，Rb/Sr 值呈现稳定的增大趋势，黏土含量为整个剖面的最大值，细粉砂含量呈现变大的趋势，均指示气候温暖湿润。

4. 约 5.50 ~ 4.50ka BP

在水田桥剖面上对应的深度约为 150 ~ 120cm。该时段 SiO_2 的含量继续增加，平均值从上一阶段的 61.42% 上升到约 61.68%。Al_2O_3 的含量略有减少，平均值从上一阶段的 17.60% 减至 17.52%。Na_2O/K_2O 值呈明显的增长趋势。Rb、Sr 的含量减少，Rb/Sr 值在波动中维持在高值，Sr/Cu 值减小。粒度组分及参数曲线波动幅度较大，说明气候干湿变化剧烈。烧失量出现较大幅度的增长，有机质积累增多，总体上气温较高，降水较多。沭埠岭剖面上对应深度约为 85 ~ 70cm 处，Al_2O_3、Fe_2O_3 的含量比上一阶段减少，平均值分别从 20.21%、9.63% 减至 19.7%、9.25%；TiO_2 的含量增加，平均值从 0.85% 增至 0.94%。说明气候整体上处于温湿状态。淋溶系数、硅铝率、硅铝铁率变化幅度不大，Rb/Sr 值变大，Sr/Cu 值比较稳定，均指示气候环境温湿。在剖面 82cm 处，沉积物平均粒径突然出现了一次激增，粒度组分也出现了突变，可能在大约 5.20ka BP 时发生了较大的古洪水事件。

5. 约 4.50 ~ 4.00ka BP

在沭埠岭剖面上对应的深度约为 70 ~ 54cm。与上一阶段相比，该时段 Al_2O_3、Fe_2O_3 的含量减少，平均值分别从 19.7%、9.25% 减至 19.21%、7.96%。淋溶系数、硅铝率、硅铝铁率逐渐变大。Sr 的含量变大且变化稳定，平均值从 94.4mg/kg 增至 105.9mg/kg。V 的含量较上一阶段开始减少，平均值从 178.4mg/kg 减至 150.1mg/kg。烧失量明显减少，且一直处于减少的变化中。粉砂含量逐渐变大，说明地表径流小，所搬运的泥沙数量较少，颗粒较细。各项指标均指示化学风化作用减弱，降水量减少，气候开始向冷干转变。

6. 约 4.00 ~ 3.00ka BP

在沭埠岭剖面上对应的深度约为 54 ~ 34cm。Al_2O_3 的含量较上一阶段略有减少，平均值从 19.21% 减至 18.68%。Fe_2O_3 的含量略有增加，平均值从 7.96% 增至 8.11%。TiO_2 的平均含量没有变化。整体上 Al_2O_3、Fe_2O_3、TiO_2 的含量较低，在大约 3.20ka BP

时三者曲线均发生剧烈变化，说明该时段气候的不稳定性。CaO/MgO 值、硅铝铁率、残积系数等在这个时期波折变化。相比于上一阶段，Sr 的含量逐渐变高，Rb/Sr 值减小。烧失量减少，粒度组成主要以粉砂为主，其中粗砂整体呈增多趋势，指示这一时期气候较冷干，气候呈现波动变化的状态。

高华中等在莒南县大店镇薛家窑剖面（年代 4.50～3.50ka BP）采集的样品孢粉含量较高，经孢粉分析共发现 29 个科、属的植物孢粉。其中乔木及灌木植物花粉 12 科（属），草本植物花粉有 12 科（属），蕨类植物孢子 5 个科。剖面从下到上以旱生草本植物蒿属（*Artemisia*）、藜科（*Chenopodiaceae*）、葎草属（*Humlus*）及一定量的禾本科含量占绝对优势（含量为 84.6%～94.2%）；水生草本植物只有香蒲属（*Typha*）花粉，含量低仅为 0.52%；乔木及灌木植物花粉含量较低，占剖面孢粉总数的 6.25%，松属（*Pinus*）为 3.5%，其余为落叶阔叶及常绿阔叶乔木和灌木；蕨类植物孢子含量在 1.96%～13.6% 之间。剖面位于河间洼地，根据孢粉结果结合沉积相分析，孢粉中乔木花粉为搬运而来。选择孢粉中含量最高的两种草本植物——蒿属、藜科，以蒿藜比值来反映气候的干湿状况，推断得出：约 4.50～3.96ka BP 蒿藜比值总体较高且变化平缓，表明干燥度较低，气候相对湿润；3.96～3.78ka BP，蒿藜比值快速降低，指示气候较为干旱；3.78～3.50ka BP，蒿藜比值回升但变化较大，气候干湿状况波动大，不稳定。

四、晚全新世（约 3.00ka BP 至今）气候环境演变

1. 约 3.00～2.50ka BP

在沭埠岭剖面上对应的深度约为 34～24cm。Al_2O_3 的含量较上一阶段略有减少，平均值从 18.68% 减至 18.14%。Fe_2O_3 的含量也略有减少，平均值从 8.11% 减至 7.63%。TiO_2 的平均含量从 0.94% 减至 0.91%。三者含量在该时期均减小。CaO/MgO 值、硅铝率、硅铝铁率、淋溶系数等略变大，残积系数略变小。相比于上一阶段，Sr 的含量逐渐变高，Rb/Sr 值减小。烧失量是整个剖面中最小的，说明有机质积累少。与上一阶段相比，降水减少，温度下降，气候不稳定。

2. 约 2.50ka BP 以来的气候环境变化

约 2.50ka BP 以来基本上是"秦汉"以来，华北地区经历了数次的冷暖期交替，葛全胜等（2013）利用历史文献的冷暖记载，特别是物候记载重建了中国东部地区过去 2000 年分辨率为 10～30 年的冬半年（10 月到次年 4 月）温度距平变化序列。结果显示，在百年尺度上，中国东部过去 2000 年共经历了 4 个暖期（公元元年～200 年，570～770 年，930～1310 年，1920～1990 年）3 个冷期（210～560 年，780～920 年，1320～1910 年），它们之间的冷暖交替大多存在 1.0℃ 以上的升降幅（郑景云和王绍武，2005）。

战国至秦汉时代为暖湿期（公元前 480 年～公元初）。战国时代（公元前 480 年～公元前 222 年）气候温暖，当时齐鲁地区农业种植可以一年两熟（竺可桢，1972）。秦

汉时期（公元前 221 年 ~ 公元初）气候依然温暖。司马迁在《史记·货殖列传》中记载，桔、竹、漆和桑等亚热带经济作物生长于黄河流域，黄河中下游地区当时为亚热带气候，年平均温度高出现代 2 ~ 3℃。

魏晋南北朝为冷期（公元初 ~ 589 年）。公元之初，我国天气有趋于寒冷的趋势，有几次冬天严寒。公元 225 年淮河结冰，这种寒冷气候直到第三世纪后半叶，特别是公元 280 ~ 289 年的十年间达到顶点，当时每年阴历四月降霜，平均气温大约比现在低 1 ~ 2℃（竺可桢，1972）。北朝贾思勰所著《齐民要术》中记载的物候，约比今天推迟 10 天至 15 天（王会昌，2000）。东部文献记录公元 500 年左右有一特冷事件，平均温度下降 2℃ 以上，冷事件开始于公元 485 年，延续至 580 年，这是近 2000 年的最寒冷事件（施雅风等，1999）。竺可桢也认为 490 年以后气候变冷。该阶段以 280 年为界，280 年以前气候偏湿，280 年开始迅速变干，这个过程大约在 480 ~ 500 年间结束（竺可桢，1972）。

隋唐、五代时期为暖期（589 ~ 960 年）。中国气候在 560 ~ 580 年发生转折，以后气候逐步回暖，大约在 610 年进入温暖时期（张丕远等，1994），对应于欧洲的"中世纪暖期"。隋唐时黄河流域气候温暖，当时长安的冬季无冰无雪，梅、桔等亦可在皇宫中生长、结果（王会昌，1996）。该阶段以 880 年左右为界分为两个时期：880 年以前气候基本上是持续温暖的，但在 796 ~ 830 年间发现了较多寒冷的证据（满志敏，1990），为一低温阶段。张兰生等（1997）也认为在 800 年左右有一次降温，温度曲线较平均值降温 1.5℃。880 年以后寒冷事件迅速增加，但是 10 世纪开始不久，约 910 年气温重新变暖，960 ~ 1109 年开封冬季寒冷指数对应的冬温与 1880 ~ 1970 年间平均温度相比较，高出约 0.4℃（满志敏，1990）。910 年后变暖，960 年左右冬季温度偏高 0.5℃（王铮等，1996）。该阶段整体上为一温暖期，但多有奇寒和爆暖事件。

宋元时期为冷期（公元 960 年 ~ 1368 年）。10 世纪末气候开始转冷，在 11 世纪初期，华北已不知有梅树。12 世纪初期，中国气候加剧转寒（竺可桢，1972）。北宋初年到南宋中叶的 100 年间出现了本次寒冷期中明显的降温，南宋中叶到元朝初年有个短暂的回暖期（王会昌，1996）。1060 ~ 1080 年冬温高出现代 0.3 ~ 1℃，1190 ~ 1260 年冬温比现代偏高近 1℃（王铮等，1996）。张德二和薛朝辉（1994）推断 13 世纪中叶我国中部地区年均温高出现代 0.9 ~ 1℃。在 1230 年左右气候有一次大范围的突变，在此以前的气候系统处于较为不稳定的状态，气候状态转变较快，分段较多，在此之后，气候系统较稳定，转变较慢，并呈降温趋势。1230 ~ 1260 年，气温下降，当时金朝地域不断有"大寒"的记录，如 1232 年"五月大寒如冬"，多次寒冷后继之于大旱（张丕远等，1994）。

明清时期为冷期（公元 1368 ~ 1900 年）。从 15 世纪开始，气候进一步向干冷方向演进，直到 20 世纪初气温才有所回升。最后这个连续 500 年的干冷阶段，即为"明清小冰期"，其中 17 世纪最为寒冷，尤以 1650 ~ 1700 年最甚，形成中国最近四五千年来气温下降的最低谷。黄河流域从 1627 年到 1641 年出现了前所未有的连续 14 年的流域性干旱（王会昌，1996）。东部文献记录指示 15 世纪开始"小冰期"气候波动，经过 1430 ~ 1580 年的冷，1510 ~ 1610 年的暖，1620 ~ 1690 年的冷，1700 ~ 1780 年的暖和

1790～1890 年的冷，转入 20 世纪变暖新时期（张丕远，1996；Zhang et al.，1997）。

　　郑景云等（2004）基于清代雨雪档案记载及现代农业气象与气象观测记录，根据降水入渗的土壤物理学模型与水量平衡模型，恢复了山东济南、泰安、潍坊、菏泽、临沂五个地区 1736～1910 年的逐季降水量，建立了各站 1736～2000 年的逐季降水序列。结果表明，山东各站间的季节降水变化具有较高的相关性与一致性。1761～1770 年、1781～1790 年、1791～1800 年、1801～1810 年、1981～1990 年五个年代的降水明显偏少，1861～1870 年、1871～1880 年、1881～1890 年、1901～1910 年四个年代则明显偏多。其变化总趋势可概括为：18 世纪中前期，山东降水相对较多，18 世纪中期起进入少雨期，19 世纪中后期转为多雨期，19 世纪末至 20 世纪初，降水明显减少，再次进入相对少雨期。20 世纪 60 年代中期以后，降水又一次降至较低水平。1990 年起，山东降水有所回升，重新进入了相对多雨期。

　　郑景云和郑斯中（1993）根据山东 1470～1989 年的历史文献记载，以每 10 年为一个时段建立冷暖序列，分析得出山东 15 世纪末较暖，而后由暖转冷，到 18 世纪中后期才略有转暖，进入 19 世纪后又变冷，直到 20 世纪才迅速转暖。近五百多年来山东的冷暖干湿波动极为频繁，且冷的时期占有较明显优势，1470～1497 年为暖湿，1497～1528 年为暖干，1529～1549 年为暖湿，1550～1579 年为冷湿，1580～1604 年为暖湿，1605～1619 年为暖干，1620～1679 年为冷干，1680～1683 年为暖干，1684～1766 年为暖湿，1767～1809 年为暖干，1810～1815 年为冷干，1816～1892 年为冷湿，1893～1919 年为冷干，1920～1989 年为暖干。

　　沂河流域位于华北东部山东省的南部，气候环境的变化与华北地区的冷暖交替变化基本一致。

参 考 文 献

安芷生, Porter S, Kukla G, 等. 1990. 最近13万年黄土高原季风变迁的磁化率证据. 科学通报, (4): 529-532

安芷生, 吴锡浩, 汪品先, 等. 1991. 最近130ka中国的古季风——Ⅱ古季风变迁. 中国科学 (B 辑), (11): 1209-1215

安芷生, 吴锡浩, 汪品先, 等. 1992. 末次间冰期以来中国古季风气候与环境变迁. 见: 刘东生, 安芷生主编. 黄土、第四纪地质、全球变化 (第三集). 北京: 科学出版社, 14-30

安芷生, 波特S, 吴锡浩, 等. 1993. 中国中东部全新世气候适宜期与东亚夏季风变迁. 科学通报, 38 (14): 1302-1305

鲍才旺. 1995. 珠江口陆架区埋藏古河道与古三角洲. 海洋地质与第四纪地质, 15 (2): 25-34

曹光杰, 王建. 2005. 长江三角洲全新世环境演变与人地关系研究综述. 地球科学进展, 20 (7): 757-764

曹光杰, 王建, 张学勤, 等, 2009. 末次冰期最盛期长江南京段河槽特征及古流量. 地理学报, 64 (3): 331-338

曹光杰, 张学勤, 吴婷, 等. 2015. 末次冰期最盛期以来长江扬中段古河谷沉积环境. 冰川冻土, 37 (6): 1627-1633

曹光杰, 闫克超, 吴婷, 等. 2017a. 末次冰期最盛期沂河汤头—刘道口段古河槽特征. 地球学报, 38 (4): 460-468

曹光杰, 单婉婉, 闫克超, 等. 2017b. 山东蒙山侵入岩分布与岩性特征. 山东国土资源, 33 (6): 1-5

曹光杰, 于磊, 张学勤. 2019. 山东沂河中游段古河道形态特征及古流量. 地球学报, 40 (2): 252-263

曹建廷, 王苏民, 沈吉, 等. 2000. 近千年来内蒙古岱海气候环境演变的湖泊沉积记录. 地理科学, 20 (5): 391-396

曹现勇, 许清海. 2006. 碱性环境对油松花粉保存影响实验研究. 第四纪研究, (06): 1007-1011

曹现勇, 田芳, 许清海, 等. 2007. 阴山山脉东段花粉通量及其与表土花粉比较研究. 古生物学报, 46 (4): 411-419

曹现勇, 田芳, 许清海, 等. 2009. 氧化环境对油松花粉保存影响实验研究. 冰川冻土, 31 (03): 571-575

曹银真. 1989. 中国东部地区河湖水系与气候变化. 中国环境科学, 9 (4): 247-255

曹银真. 1988. 古水文学及其研究方法. 地理研究, 7 (2): 94-102

陈报章, 李从先, 业治铮. 1995. 冰后期长江三角洲北翼沉积及其环境演变. 海洋学报, 17 (1): 64-75

陈栋栋, 彭淑贞, 张伟, 等. 2011. 山东全新世典型气候事件的区域影响及其对海岱文明发展的影响. 地理科学进展, 30 (7): 846-852

陈国能, 张可, 贺细坤, 等. 1994. 珠江三角洲晚更新世以来的沉积-古地理. 第四纪研究, (1): 67-74

陈吉余, 虞志英, 恽才兴. 1959. 长江三角洲的地貌发育. 地理学报, 25 (3): 201-220

陈吉余, 恽才兴, 徐海根, 等. 1988. 两千年来长江河口发育的模式. 见: 陈吉余, 沈焕庭, 恽才兴, 等. 长江河口动力过程和地貌演变. 上海: 上海科学技术出版社. 31-37

陈敬安, 万国江. 2000. 洱海近代气候变化的沉积物粒度与同位素记录. 自然科学进展, 10 (3):

253-259

陈俊, 仇刚, 鹿化煜. 1996. 最近130ka 黄土高原夏季风变迁的 Rb 和 Sr 地球化学特征. 科学通报, 41 (21): 1963-1964

陈玲, 朱立平, 李炳元, 等. 2002. 近150a 来南红山湖的地球化学特征及环境意义. 地理科学, 22 (1): 39-42

陈庆强, 李从先. 1998a. 长江三角洲地区晚更新世硬黏土层成因研究. 地理科学, 18 (1): 53-58

陈庆强, 李从先. 1998b. 长江三角洲地区晚第四纪古土壤发育的阶段性. 科学通报, 43 (22): 2557-2559

陈双喜, 赵信文, 黄长生, 等. 2014. 现代珠江三角洲地区 QZK4 孔第四纪沉积年代. 地质通报, 33 (10): 1629-1634

陈双喜, 赵信文, 黄长生, 等. 2016. 珠江三角洲晚第四纪环境演化的沉积响应. 地质通报, 35 (10): 1734-1744

陈希祥. 2001. 镇江–扬州长江河谷第四系沉积演变特征. 地层学杂志, 25 (1): 51-54

陈星, 于革, 刘建. 2000. 中国 21ka 气候模拟的初步试验. 湖泊科学, 12 (2): 154-163

陈正新, 曹雪晴, 黄海燕, 等. 2009. 青岛近海古河道断面特征与古地理变迁关系研究. 沉积学报, 27 (1): 109-110

陈中原, 王张华. 2003. 长江与尼罗河三角洲晚第四纪沉积对比研究. 沉积学报, 21 (1): 66-74

程波, 陈发虎, 张家武, 等. 2010. 共和盆地末次冰消期以来的植被和环境演变. 地理学报, 65 (11): 1336-1344

邓兵, 吴国瑄, 李从先. 2003. 长江三角洲晚第四纪古土壤的古环境及古气候信息. 海洋地质与第四纪地质, 23 (2): 1-7

邓兵, 李从先, 张经, 等. 2004. 长江三角洲古土壤发育与晚更新世末海平面变化的耦合关系. 第四纪研究, 24 (2): 222-230

丁海燕, 张振克. 2010. 乐清湾近代沉积物元素地球化学特征及环境意义. 海洋湖沼通报, 32 (1): 139-145

丁敏, 彭淑贞, 庞奖励, 等. 2011. 山东中部全新世环境演变与人类文化发展. 土壤通报, 42 (6): 1281-1287

窦国仁. 1960. 论泥沙起动流速. 水利学报, 5 (4): 44-60

窦国仁. 1999. 再论泥沙起动流速. 泥沙研究, 44 (6): 1-9

杜耘, 殷鸿福. 2003. 洞庭湖历史时期环境研究. 地球科学——中国地质大学学报, (2): 214-218

范代读, 李从先, 陈美发, 等. 2001. 长江三角洲泥质潮坪沉积间断的定量分析. 海洋地质与第四纪地质, 21 (4): 1-6

范奉鑫, 林美华, 江荣华, 等. 1999. 海南岛东部外陆架水下埋藏古三角洲. 海洋科学, 23 (6): 55-57

方修琦, 葛全胜, 郑景云. 2004. 全新世寒冷事件与气候变化的千年周期. 自然科学进展, 14 (4): 456-461

高华中. 2015. 鲁东南全新世环境演变与古文化发展. 济南: 山东人民出版社. 27-76

高华中. 2016. 沂沭河流域 7470~2550aBP 气候变化的元素地球化学记录. 地球与环境, 44 (6): 595-599

高华中, 朱诚, 曹光杰. 2006. 山东沂沭河流域 2000BC 前后古文化兴衰的环境考古. 地理学报, 61 (3): 255-261

高尚玉, 董光荣, 李保生, 等. 1985. 萨拉乌苏河第四纪地层中化学元素的迁移和聚集与古气候的关系. 地球化学, (3): 269-275

葛全胜，刘健，方修琦，等．2013．过去2000年冷暖变化的基本特征与主要暖期．地理学报，68（5）：579-592

顾锡和．1985．略论中国东部更新世晚期以来的海面升降对南京地区长江河谷地貌发育与沉积作用的影响．南京大学学报（地理学），70-78

郭蓄民．1983．长江河口地区晚更新世晚期以来沉积环境的变迁．地质科学，（4）：402-408

郭蓄民，许世远，王靖泰，等．1979．长江河口地区全新统的分层与分区．同济大学学报，（2）：15-26

郭媛媛，莫多闻，毛龙江，等．2016．澧阳平原优周岗遗址孢粉记录的环境变化与人类活动．地理研究，36（6）：1041-1050

韩德亮．2001．莱州湾E孔中更新世末期以来的地球化学特征．海洋学报，23（2）：79-85

韩桂荣，徐孝诗，辛春英．1998．黄海、渤海埋藏古河道区沉积物的地球化学特征．见：中国海洋研究所．海洋科学集刊．北京：科学出版社．79-87

韩美，李道高，赵明华，等．1999．莱州湾南岸平原地面古河道研究．地理科学，14（5）：451-456

韩美，李艳红，张维英，等．2003．中国湖泊与环境演变研究的回顾与展望．地理科学进展，22（2）：125-132

韩其为．1982．泥沙起动规律及起动流速．泥沙研究，（2）：11-26

韩其为，何明民．1999．地层泥沙交换和状态概率及推悬比研究．水利学报，（10）：7-15

何华春，丁海燕，张振克，等．2005．淮河中下游洪泽湖湖泊沉积物粒度特征及其沉积环境意义．地理科学，25（5）：590-596

何之泰．1934．河底冲刷流速之测验．水利月刊，6（6）

侯光良，刘峰贵，刘翠华，等．2009．中全新世甘青地区古文化变迁的环境驱动．地理学报，64（1）：53-58

侯贵廷，王传成，王延欣，等．2008．鲁西蒙山新太古代末闪长岩体的区域构造意义——SHRIMP锆石U-Pb年代学证据．高校地质学报，14（1）：22-28

胡广元．2010．渤海湾全新世海侵前的古环境．青岛：中国海洋大学硕士学位论文

胡雪峰，程天凡，巫和昕．2003．南方网纹红土内是否可能存在多个"沉积–成土"过程的旋回？．科学通报，48（9）：969-975

华国祥．1965．泥沙的起动流速．成都工学院学报，（1）：11

黄润，朱诚，郑朝贵．2005．安徽淮河流域全新世环境演变对新石器遗址分布的影响．地理学报，60（5）：742-750

黄庆福，苟淑茗，孙微敏，等．1984．东海Dc-2孔柱状岩芯的地层划分．海洋地质与第四纪地质，4（1）：11-26

黄镇国，张伟强，蔡福祥．1995a．珠江水下三角洲．地理学报，50（3）：206-214

黄镇国，张伟强，蔡福祥，等．1995b．华南地区末次冰期盛期最低海面问题．地理学报，50（5）：385-393

贾建军，高舒，汪亚平，等．2005．江苏大丰潮滩推移质输运与粒度趋势信息解译．科学通报，50（22）：2546-2554

贾耀锋，庞奖励，黄春长，等．2012．渭河流域东部全新世环境演变与古文化发展的关系研究．干旱区地理，35（2）：238-247

介冬梅，吕金福．2001．大布苏湖全新世沉积岩心的碳酸盐含量与湖面波动．海洋地质与第四纪地质，21（2）：77-82

金章东，王苏民．2000．岱海地区近400年来的"尘暴"事件：来自岱海沉积物粒度的证据．湖泊科学，12（3）：193-198

景民昌, 孙镇城. 2001. 柴达木盆地达布逊湖地区 3 万年来气候演化的微古生物记录. 海洋地质与第四纪地质, 21 (2): 55-58

寇养琦, 杜德莉. 1994. 南海北部陆架第四纪古河道的沉积特征. 地质学报, 78 (3): 268-277

蓝先洪. 1996. 珠江三角洲晚第四纪沉积特征. 沉积学报, 14 (2): 155-162

蓝先洪, 马道修, 徐明广, 等. 1988. 珠江三角洲地区第四纪沉积物的地球化学特征及古地理意义. 热带海洋, 7 (4): 62-68

李保华, 李从先, 沈焕庭. 2002. 冰后期长江三角洲沉积通量的初步研究. 中国科学 (D 辑), 32 (9): 776-783

李保如. 1959. 泥沙起动流速的计算. 泥沙研究, 4 (1): 71-77

李从先, 汪品先. 1998. 长江晚第四纪河口地层学研究. 北京: 科学出版社. 111-160

李从先, 张桂甲. 1995. 末次冰期时存在入海的长江吗? 地理学报, 50 (5): 459-463

李从先, 张桂甲. 1996a. 晚第四纪长江三角洲高分辨率层序地层学的初步研究. 海洋地质与第四纪地质, 16 (3): 13-24

李从先, 张桂甲. 1996b. 下切古河谷高分辨率层序地层学研究的进展. 地球科学进展, 11 (2): 216-220

李从先, 张桂甲. 1996c. 晚第四纪长江和钱塘江河口三角洲地区的层序界面和沉积间断. 自然科学进展——国家重点实验室通讯, 6 (4): 461-469

李从先, 王靖泰, 李萍. 1979a. 长江三角洲沉积相的初步研究. 同济大学学报 (海洋地质版), 2: 1-14

李从先, 郭蓄民, 许世远等. 1979b. 全新世长江三角洲地区砂体的特征和分布. 海洋学报, 1 (2): 252-268

李从先, 李萍, 成鑫荣. 1983. 海洋因素对镇江以下长江河段沉积的影响. 地理学报, 38 (2): 128-140

李从先等 (大港油田地质所, 海洋石油局研究院, 同济大学海洋地质所). 1985. 滦河冲积扇-三角洲沉积体系. 北京: 地质出版社

李从先, 陈刚, 钟和贤, 等. 1993. 冰后期钱塘江口沉积层序和环境演变. 第四纪研究, (1): 16-24

李从先, 陈庆强, 范代读, 等. 1999. 末次冰期最盛期以来长江三角洲地区的沉积相和古地理. 古地理学报, 1 (4): 12-25

李从先, 范代读, 张家强. 2000. 长江三角洲地区晚第四纪地层及潜在环境问题. 海洋地质与第四纪地质, 20 (3): 1-7

李从先, 杨守业, 范代读, 等. 2004. 三峡大坝建成后长江输沙量的减少及其对长江三角洲的影响. 第四纪研究, 24 (5): 495-500

李从先, 范代读, 杨守业, 等. 2008. 中国河口三角洲地区晚第四纪下切河谷层序特征和形成. 古地理学报, 10 (1): 87-97

李道高, 韩美, 赵明华, 等. 1999. 渤海莱州湾南岸平原浅埋古河道带及其与海 (咸) 水入侵关系研究. 海洋学报, 21 (6): 64-71

李道高, 赵明华, 韩美, 等. 2000. 莱州湾南岸平原浅埋古河道带研究. 海洋地质与第四纪地质, 20 (1): 23-29

李凡, 于建军, 姜秀珩, 等. 1991. 南黄海埋藏古河系研究. 海洋与湖沼, 22 (6): 501-508

李凡, 张秀荣, 李永植, 等. 1998a. 南黄海埋藏古三角洲. 地理学报, 53 (3): 238-244

李凡, 张秀荣, 唐宝钰. 1998b. 黄海埋藏古河道及灾害地质图集. 济南: 济南出版社

李广雪, 刘勇, 杨子赓, 等. 2005. 末次冰期东海陆架平原上的长江古河道. 中国科学: D 辑, 35 (3): 284-289

李国刚, 胡邦琦, 毕建强, 等. 2013. 黄河三角洲 ZK1 孔晚第四纪以来沉积层序演化及其古环境意义. 沉积学报, 31 (6): 1050-1058

李素萍, 李金峰, 武振杰, 等. 2016. 泸沽湖地区晚全新世气候和环境演变. 地质学报, 90 (8): 1998-2012

李拓宇, 莫多闻, 朱高儒. 2013. 晋南全新世黄土剖面常量元素地球化学特征及其古环境意义. 地理研究, 32 (8): 1411-1420

李新艳, 黄春长, 庞奖励, 等. 2007. 淮河上游全新世黄土-古土壤序列元素地球化学特性研究. 土壤学报, 44 (2): 189-196

李秀军. 2006. 大安古河道盐碱土类型与开发利用模式研究. 中国生态农业学报, 14 (3): 111-113

李秀军, 孙广友. 2002. 大安古河道农业系统动力学模型. 农业系统科学与综合研究, 18 (1): 30-34

李元芳, 朱立平, 李炳元. 2001. 150 年来青藏高原南红山湖的介形类与环境变化. 地理研究, 20 (2): 199-205

李志文, 李保生, 董玉祥, 等. 2010. 粤东北丘陵区末次间冰期红土的特征与气候环境. 地质论评, 56 (3): 355-364

林春明. 1996. 末次冰期深切谷的识别及其在生物气勘探中的意义——以钱塘江深切谷为例. 浙江地质, 12 (2): 35-41

林春明. 1997. 杭州湾地区 15000a 以来层序地层学初步研究. 地质论评, 43 (3): 273-280

林春明, 李从先, 蒋维三. 1997. 钱塘江口地区冰后期沉积特征与生物气聚集. 石油与天然气地质, 18 (4): 335-342

林春明, 李广月, 卓弘春, 等. 2005. 杭州湾地区晚第四纪下切河谷充填物沉积相与浅层生物气勘探. 古地理学报, 7 (1): 12-24

林瑞芬, 卫克勤. 1998. 新疆玛纳斯湖沉积物氧同位素记录的古气候信息探讨: 青海湖和色林错比较. 第四纪研究, 18 (4): 308-316

刘阿成, 吕文英, 蔡峰. 2005. 广东汕头南部近海晚第四纪埋藏古河曲的研究. 海洋与湖沼, 36 (2): 104-110

刘安娜, 庞奖励, 黄春长. 2006. 甘肃庄浪全新世黄土-古土壤序列元素分布特征及意义. 地球化学, 35 (4): 453-458

刘宝柱, 李从先, 业治铮. 1995. 长江三角洲地区晚第四纪古土壤中的植物硅酸体及其古环境意义. 海洋地质与第四纪地质, 15 (2): 17-24

刘苍字, 吴立成, 曹敏. 1985. 长江三角洲南部古沙堤 (冈身) 的沉积特征、成因及年代. 海洋学报, 7 (1): 55-66

刘东生, 施雅风, 王汝建, 等. 2000. 以气候变化为标志的中国第四纪地层对比表. 第四纪研究, 20 (2): 108-128

刘嘉麒, 陈铁梅, 聂高众, 等. 1994. 渭南黄土剖面的年龄测定及十五万年来高分辨时间序列的建立. 第四纪研究, 14 (3): 193-202

刘嘉麒, 倪云燕, 储国强. 2001. 第四纪的主要气候事件. 第四纪研究, 21 (3): 239-248

刘健, 于革, 陈星, 等. 2002. 中全新世和末次冰期最盛期东亚古气候的模拟. 自然科学进展, 12 (7): 713～720

刘金陵. 1989. 长白山区孤山屯沼泽地 13000 年以来的植被和气候变化. 古生物学报, (4): 495-511

刘金陵, Chang W Y B. 1996. 根据孢粉资料推论长江三角洲地区 12000 年以来的环境变迁. 古生物学报, 35 (2): 136-154

刘金陵, 叶萍宜. 1977. 上海、浙江某些地区第四纪孢粉组合及其在地层和古气候上的意义. 古生物

学报, 16 (1): 1-11

刘奎, 庄振业, 刘东雁, 等. 2009a. 长江口外陆架区埋藏古河道研究. 海洋学报, 31 (5): 80-88

刘奎, 庄振业, 刘东雁, 等. 2009b. 长江口外内陆架埋藏古河谷的河型判别方法探讨. 海洋湖沼通报, (1): 79-87

刘奎, 庄振业, 刘东雁, 等. 2010. 舟山群岛和长江口邻近海域埋藏古河道水文环境特征. 吉林大学学报: 地球科学版, 40 (1): 140-147

刘为纶, 夏越炯, 周子康, 等. 1994. 河姆渡古气候可作为预测长江中下游未来气候变暖的经验模式. 科学通报, 10 (1): 343-349

刘卫国, 肖应凯. 1998. 昆特依盐湖氯同位素特征及古气候意义. 海洋与湖沼, 29 (4): 431-434

刘晓东. 1995. 下垫面强迫对东亚区域气候影响的研究. 气象科学, 15 (4): 57-63

刘煜, 何金海, 李维亮, 等. 2007. MM5 对末次冰期最盛期中国气候的模拟研究. 气象学报, 65 (2): 151-159

刘振夏, Berne S. 2000. 东海陆架的古河道和古三角洲. 海洋地质与第四纪地质, 20 (1): 9-14

刘子亭, 余俊清, 张保华, 等. 2006. 烧失量分析在湖泊沉积与环境变化研究中的应用. 盐湖研究, 14 (2): 67-72

刘子亭, 余俊清, 张保华, 等. 2008. 黄旗海岩心烧失量分析与冰后期环境演变. 盐湖研究, 16 (4): 1-5

鲁欣 Л Б. 1963. 普通古地理学原理, 上册. 中国工业出版社. 119

罗金明, 杨帆, 邓伟, 等. 2008. 苏打盐渍土的微域特征及土壤表层积盐机理探讨: 以吉林省大安地区嫩江古河道盐滩地为例. 水土保持学报, 22 (2): 88-92

罗武宏, 张居中, 杨玉璋, 等. 2015. 安徽巢湖更新世末—全新世中期环境演变的湖泊沉积植硅体记录. 微体古生物学报, 32 (1): 63-74

罗新正, 刘宁豫. 1997. 大安古河道区湖泊湿地的生态环境与农业可持续发展. 地域研究与开发, 16 (2): 22-24

罗新正, 孙广友. 2007. 松嫩平原大安古河道强度盐渍土种稻脱盐试验. 土壤通报, 38 (1): 72-76

罗新正, 易富科, 孙广友. 2000. 松嫩平原弱碱性湖泡湿地特征及其农业开发的探讨: 以大安古河道区腰泡为例. 地理科学, 20 (5): 483-486

罗新正, 朱坦, 孙广友. 2003a. 松嫩平原大安古河道湿地的恢复与重建. 生态学报, 23 (2): 244-250.

罗新正, 朱坦, 孙广友, 等. 2003b. 大安古河道综合开发生态工程地质地貌环境可行性论证. 地理科学, 26 (3): 348-353

吕金波. 2000. 北京城南深覆盖区 1∶5 万区域地质与资源环境调查通过野外验收. 中国区域地质, 19 (4): 112

马宏伟, 车继英, 马诗敏, 等. 2016. 辽河三角洲 LZK03 孔全新世环境演变. 地质通报, 35 (10): 1571-1577

马建平. 1994. 嫩江下游右岸大安古河道的形成与演化. 地理科学, 14 (2): 194-196

马建平, 孙广友, 夏玉梅. 2007. 嫩江下游大安古河道的形成时代与沉积环境重建. 见: 孙广友. 松嫩平原古河道农业工程研究. 长春: 吉林科学技术出版社. 135-141

马胜中, 梁开, 陈太浩. 2009. 广西钦州湾浅层埋藏古河道沉积特征. 见: 中国海洋工程学会第十四届中国海洋 (岸) 工程学术讨论会论文集. 北京: 海洋出版社. 1225-1229

马燕, 郑长苏. 1991. 太湖全新世海相硅藻化石的发现及其意义. 科学通报, 36 (21): 1641-1643

马燕, 王苏民, 潘红玺. 1996. 硅藻和色素在古环境演化研究中的意义——以固城湖为例. 湖泊科学, 8 (1): 16-26

满志敏. 1990. 中国气候与海面变化研究的进展（一）. 见：施雅风等主编. 中国气候与海面变化研究的进展. 北京：海洋出版社, 20-21

孟庆海, 韩美, 赵明华, 等. 1999. 弥河冲洪积扇和古河道初步研究. 山东师范大学学报：自然科学版, 14 (1)：47-51

闵秋宝, 汪品先. 1979. 论上海第四纪海进. 同济大学学报, (2)：109-128

莫多闻, 李非, 李永城, 等. 1996. 甘肃葫芦河流域中全新世环境演化及其对人类活动的影响. 地理学报, 51 (1)：59-69

倪晋仁, 马蔼乃. 1998. 河流动力地貌学. 北京：北京大学出版社. 200

倪晋仁, 张仁. 1992. 河相关系研究的各种方法及其间关系. 地理学报, 47 (4)：368-375

聂晓红, 刘恩峰, 张祖陆. 2001. 潍河下游地区浅埋古河道沉积与第四系地层划分. 海洋地质与第四纪地质, 21 (4)：89-94

牛东风, 李保生, 温小浩, 等. 2011. 萨拉乌苏河流域 MGSI 层段微量元素记录的全新世千年尺度的气候变化. 地质学报, 85 (2)：300-308

庞奖励, 黄春长, 贾耀峰. 2005. 关中东部地区全新世土壤发育及记录的水文事件. 土壤学报, 42 (2)：187-193

佩蒂斯 G, 福斯特 I. 1987. 古水文. 曹银真 译. 地理译报, (2)：50-55

彭俊, 陈沈良, 李谷祺. 2014. 末次冰盛期后黄河三角洲潮滩沉积及其环境指示. 海洋地质与第四纪地质, 34 (2)：19-26

彭晓梅. 2003. 京城古河道：长河. 北京档案, (3)：48-49

彭子成, 韩有松. 1992. 莱州湾地区 10 万年以来沉积环境变化. 地质论评, 38 (4)：360-366

齐乌云, 梁中合, 高立兵, 等. 2006. 山东沭河上游史前文化人地关系研究. 第四纪研究, 26 (4)：580-588

钱宁, 张仁, 周志德. 1987. 河床演变学. 北京：科学出版社

钱云, 钱永甫, 张耀存. 1998. 末次冰期东亚区域气候变化的情景和机制研究. 大气科学, 22 (3)：283-293

秦蕴珊等. 1983. 东海钻探 Dc-1 孔地质柱状岩心的研究. 见：第二次中国海洋湖沼科学会议论文集. 北京：科学出版社. 197-218

秦蕴珊, 赵一阳, 陈丽蓉, 等. 1987. 东海地质. 北京：科学出版社

邱海鸥, 孙文, 汤志勇, 等. 2010. 西藏吉隆盆地沃马剖面元素地球化学特征及环境指示意义. 地球科学（中国地质大学学报）, 35 (5)：789-802

沙玉清. 1956. 泥沙运动的基本规律. 泥沙研究, 1 (2)：1-54

山东省地震局. 1973. 对鲁北平原农田供水水文地质条件的初步认识. 水文地质工程地质选编, (1)：6-26

山发寿. 1993. 青海湖盆地 35 万年来的植被演化及环境变迁. 湖泊科学, 5 (1)：9-16

沈吉. 1995. 中国过去 2000 年湖泊沉积记录的高分辨率研究：现状与问题. 地球科学进展, 10 (2)：169-175

沈吉, 王苏民, 羊向东. 1996. 湖泊沉积物中有机碳稳定同位素测定及其古气候环境意义. 海洋与湖沼, 27 (4)：400-403

沈吉, 王苏民, Matsumoto R, 等. 2000. 内蒙古岱海古盐度定量复原初探. 科学通报, 45 (17)：1885-1888

施雅风, 孔昭宸, 王苏民, 等. 1992a. 中国全新世大暖期气候波动与重要事件. 中国科学（B 辑）, 22 (12)：1300-1308

施雅风, 孔昭宸, 王苏民, 等. 1992b. 中国全新世大暖期气候与环境的基本特征. 见: 施雅风主编. 中国全新世大暖期气候与环境. 北京: 海洋出版社. 1-18

施雅风, 孔昭宸, 王苏民, 等. 1993. 中国全新世大暖期鼎盛阶段的气候与环境. 中国科学 (B 辑), 23 (8): 865-872

施雅风, 姚檀栋, 杨宝. 1999. 近 2000a 古里雅冰芯 10a 尺度的气候变化及其与中国东部文献记录的比较. 中国科学, 29 (s1): 79-86

史威, 朱诚, 李世杰, 等. 2009. 长江三峡地区全新世环境演变及其古文化效应. 地理学报, 64 (11): 1303-1318

舒强, 赵志军, 陈晔, 等. 2009. 江苏兴化 DS 浅孔沉积物地球化学元素与粒度所揭示的古环境意义. 地理科学, 29 (6): 923-928

宋之琛, 王开发. 1961. 江苏南通滨海相第四纪的孢粉组合. 古生物学报, 9 (3): 234-265

孙广友. 2007. 松嫩平原古河道农业工程研究. 长春: 吉林科学技术出版社

孙广友, 华润葵, 邓伟, 等. 1993. 地貌过程与环境. 北京: 地震出版社. 40-49

孙千里, 周杰, 肖举乐. 2001. 岱海沉积物粒度特征及其古环境意义. 海洋地质与第四纪地质, 21 (1): 93-95

覃军干, 吴国瑄, 邓兵, 等. 2002. 长江三角洲第一古土壤层的孢粉、藻类及其古环境意义. 科学通报, 47 (17): 1347-1350

唐保根, 昝一平. 1986. 长江水下三角洲浅孔岩心的地层划分. 海洋地质与第四纪地质, 6 (2): 41-52

唐诚, 周蒂, 詹文欢, 等. 2007. 晚更新世珠江口埋藏古河道沉积过程研究. 见: 《工程地质学报》编委会 编. 中国地质学会工程地质专业委员会 2007 年学术年会暨 "生态环境脆弱区工程地质" 学术论坛论文集. 北京: 科学出版社. 447-452

唐存本. 1963. 泥沙起动规律. 水利学报, 7 (2): 1-12

唐领余, 沈才明, 韩辉, 等. 1991. 长江中下游地区 7500~5000aBP 气候变化序列的初步研究. 海洋地质与第四纪地质, 11 (4): 73-85

唐领余, 沈才明, Kan-bin Liu. 2000. 长江上游地区 18Ka 以来的植被与气候. 世界科技研究与发展, 22 (S1): 1-4

唐领余, 沈才明, 李春海, 等. 2009. 花粉记录的青藏高原中部中全新世以来植被与环境. 中国科学 (D 辑), 39 (5): 615-625

陶倩倩, 刘保华, 李西双, 等. 2009. 晚更新世南黄海西部陆架的古长江三角洲. 海洋地质与第四纪地质, 29 (2): 19-28

同济大学海洋地质系三角洲科研组. 1978. 全新世长江三角洲的形成和发育. 科学通报, 23 (5): 310-314

万红莲, 黄春长, 庞奖励. 2010. 渭河宝鸡峡全新世古洪水事件. 陕西师范大学学报 (自然科学版), 38 (2): 76-82

王红亚, 石元春. 1992. 长江下游流域第四纪古年地表径流量的估算——一种第四纪古水文研究方法的应用尝试. 第四纪研究, (4): 362-367

王会昌. 1996. 2000 年来中国北方游牧民族南迁与气候变化. 地理科学, 16 (3): 274-279

王靖泰, 郭蓄民, 许世远, 等. 1981. 全新世长江三角洲的发育. 地质学报, 55 (1): 67-80

王君波, 朱立平. 2002. 藏南沉错沉积物的粒度特征及其古环境意义. 地理科学进展, 21 (5): 459-467

王开发. 1983. 太湖地区第四纪沉积的孢粉组合及古植被与古气候. 地理科学, 3 (1): 17-25

王开发, 王宪曾. 1983. 孢粉学概论. 北京: 北京大学出版社王开发, 张玉兰, 蒋辉等. 1984a. 长江三角洲全新世孢粉组合及其地质意义. 海洋地质与第四纪地质, 4 (3): 69-88

王开发, 张玉兰, 蒋辉等. 1984b. 长江三角洲第四纪孢粉组合及其地层、古地理意义. 海洋学报, 6 (4): 485-495

王明田, 庄振业, 葛淑兰, 等. 2000. 辽东湾中北部浅层埋藏古河道沉积特征及对海上工程的影响. 黄渤海海洋, 18 (2): 18-24

王权, 孙广友. 1999. 大安古河道试区土地潜力性评价. 地域研究与开发, 18 (1): 66-68

王世进. 1991. 鲁西地区前寒武纪侵入岩期次划分及基本特征. 中国区域地质, (4): 298-306+297

王世进, 万渝生, 王伟, 等. 2010. 鲁西蒙山龟蒙顶、云蒙峰岩体的锆石 SHRIMP U-Pb 测年及形成时代. 山东国土资源, 26 (5): 1-6

王世进, 万渝生, 宋志勇, 等. 2013. 鲁西地区新太古代早期的岩浆活动——泰山岩套英云闪长质片麻岩锆石 SHRIMP U-Pb 年龄的证据. 山东国土资源, 29 (4): 1-7

王苏民. 1993. 湖泊沉积的信息、原理与研究趋势. 见: 张兰生. 中国生存环境历史演变规律研究（一）. 北京: 海洋出版社. 6-13

王随继, 黄杏珍, 妥进才, 等. 1993. 泌阳凹陷核桃园微量元素演化特征及其古气候意义. 沉积学报, 15 (1): 65-70

王文远, 刘嘉麒. 2001. 新仙女木事件在热带湖光岩玛珥湖的记录. 地理科学, 21 (1): 94-96

王小雷, 杨浩, 赵其国, 等. 2010. 云南抚仙湖近现代环境变化的沉积物粒度记录. 沉积学报, 28 (4): 776-782

王亚东, 刘永江, 常丽华, 等. 2005. 沉积物粒度分析在阿尔金山隆升研究中的应用. 吉林大学学报（地球科学版）, 35 (2): 155-162

王颖. 1996. 中国海洋地理. 北京: 科学出版社. 15-58

王颖. 2002. 黄海陆架辐射沙脊群. 北京: 中国环境科学出版社. 229-374

王永, 姚培毅, 迟振卿, 等. 2010. 内蒙古黄旗海全新世中晚期环境演变的沉积记录. 矿物岩石地球化学通报, 29 (2): 149-156

王云飞. 1993. 青海湖、岱海的湖泊碳酸盐化学沉积与气候环境变化. 海洋与湖沼, 24 (1): 31-35

王铮, 张丕远, 周清波. 1996. 历史气候变化对中国社会发展的影响——兼论人地关系. 地理学报, 51 (4): 329-339

乌云格日勒, 刘清泗. 1998. 岱海湖盆未来 10 年环境演变趋势探讨. 干旱区资源与环境, 12 (1): 44-51

吴忱. 1980. 唐山地震区的喷水冒沙及其与冲积砂体的分布关系. 地理学报, 35 (3): 251-258

吴忱. 1984. 河北平原的地面古河道. 地理学报, 39 (3): 268-276

吴忱. 2008. 地貌面、地文期与地貌演化——从华北地貌演化研究看地貌学的一些基本理论. 地理与地理信息科学, 24 (3): 75-78

吴忱, 王子惠. 1982. 南宫地下水库的古河流沉积与古河型特征. 地理学报, 37 (3): 317-324

吴忱, 赵明轩. 1993. 拒马河下游的河道变迁与地貌演变. 地理学与国土研究, 9 (4): 42-47

吴忱, 王子惠, 许清海. 1986. 河北平原的浅埋古河道. 地理学报, 41 (4): 332-340

吴忱, 朱宣清, 何乃华, 等. 1991a. 华北平原古河道研究. 北京: 中国科学技术出版社

吴忱, 陈萱, 许清海, 等. 1991b. 黄河古三角洲的发现及其与水系变迁的关系. 见: 吴忱等. 华北平原古河道研究论文集. 北京: 中国科学技术出版社. 235-255

吴忱, 朱宣清, 何乃华, 等. 1991c. 古河道与浅层淡水资源. 见: 吴忱等. 华北平原古河道研究. 北京: 中国科学技术出版社, 229-241

吴艳宏，吴瑞金．2001．运城盆地 11 ka BP 以来气候环境变迁与湖面波动．海洋地质与第四纪地质，21（2）：83-86

武红岭，张利荣．2002．断层周围的弹塑性区及其地质意义．地球学报，23（1）：11-16

肖尚斌，陈木宏，陆钧，等．2006．南海北部陆架柱状沉积物记录的残留沉积．海洋地质与第四纪地质，26（3）：1-5

谢远云，李长安，王秋良，等．2007．汉江平原江陵湖泊沉积物粒度特征及气候环境意义．吉林大学学报（地球科学版），37（3）：571-577

谢志仁，袁林旺．2012．略论全新世海面变化的波动性及其环境意义．第四纪研究，32（6）：1065-1077

新华社．1982．美国航天飞机发现埃及沙漠的巨大地下河谷．人民日报，1982 年 12 月 11 日

徐馨．1989．我国东部晚第四纪气候演变．冰川冻土，（1）：10-19

许炯心．1999．沙质河床与砾石河床水流及能耗特征的比较及其地貌学意义．科学通报，42（1）：74-78

许炯心．2004．基于对 Leopold-Wolman 关系修正的河床河型判别．地理学报，59（3）：462-467

许清海，李月丛，李育，等．2006．现代花粉过程与第四纪环境研究若干问题讨论．自然科学进展，（06）：647-656

许清海，李曼玥，张生瑞，等．2015．中国第四纪花粉现代过程：进展与问题．中国科学：地球科学，（11）：1661-1682

许世远，王靖泰，李萍．1987a．长江现代三角洲发育过程和砂体特征．见：严钦尚，许世远．长江三角洲现代沉积研究．上海：华东师范大学出版社

许世远，李萍，王靖泰．1987b．长江三角洲沉积模式．见：严钦尚，许世远．长江三角洲现代沉积研究．上海：华东师范大学出版社

许世远，王靖泰，李萍．1987c．论长江三角洲发育的阶段性．见：严钦尚，许世远．长江三角洲现代沉积研究．上海：华东师范大学出版社

严镜海．1987．长江河口段水文特征、泥沙运动及河道演变．见：严钦尚，许世远．长江三角洲现代沉积研究．上海：华东师范大学出版社

羊向东，王苏民．1994．一万多年来乌伦古湖地区花粉组合及其古环境．干旱区研究，11（2）：7-10

杨达源．1986．晚更新世冰期最盛时长江中下游地区的古环境．地理学报，41（4）：302-310

杨达源．1989．近五千年来长江中下游干流的演变．南京大学学报（自然科学版），25（3）：167-173

杨达源，谢悦波．1997a．黄河小浪底段古洪水沉积与古洪水水位的初步研究．河海大学学报，25（3）：86-89

杨达源，谢悦波．1997b．古洪水平流沉积特征．沉积学报，15（3）：29-32

杨达源，谢悦波．1997c．黄河小浪底段古洪水沉积与古洪水水位的初步研究．河海大学学报，25（3）：86-89

杨达源，任朝霞，何太蓉，等．2002．长江中下游河床地貌演变与水资源保护的预测研究．水资源保护，（3）：22-25

杨富亿．1998．大安古河道区的渔业开发利用．资源开发与市场，（3）：119-121

杨桂甲，李从先．1995．钱塘江下切河谷充填及其层序地层学特征．海洋地质与第四纪地质，15（4）：57-68

杨国顺．1991．东汉黄河下游河道研究．见：左大康．黄河流域环境演变与水沙运行规律研究文集．北京：地质出版社．27-34

杨怀仁，谢志仁．1984．中国东部 20000 年来的气候波动与海面升降运动．海洋与湖沼，（1）：1-13

杨怀仁, 徐馨, 杨达源, 等. 1995. 长江中下游环境变迁与地生态系统. 南京: 河海大学出版社

杨兢红. 2007. 宝应钻孔沉积物的微量元素地球化学特征及沉积环境探讨. 第四纪研究, 27 (5): 735-749

杨永兴, 孔昭宸. 2001. 西辽河平原东部沼泽发育与中全新世早期以来古环境演变. 地理科学, 21 (3): 242-249

杨振京, 刘志明. 2001. 银川盆地中更新世以来的孢粉记录及古气候研究. 海洋地质与第四纪地质, 21 (3): 43-49

姚檀栋, Thompson L G. 1992. 敦德冰芯记录与过去 5ka 温度变化. 中国科学 (B 辑), 22 (10): 1089-1093

姚檀栋, 施雅风, 秦大河, 等. 1997. 古里雅冰芯中末次间冰期以来气候变化记录研究. 中国科学 (D 辑: 地球科学), (5): 447-452

姚轶锋, 王霞, 谢淦德, 等. 2015. 新疆地区全新世植被演替与气候环境演变. 科学通报, 50 (31): 2963-2976

叶荷, 张克信, 季军良, 等. 2010. 青海循化盆地 23.1 ~ 5.0Ma 沉积地层中常量、微量元素组成特征及其古气候演变. 地球科学 (中国地质大学学报), 35 (5): 811-820

易富科. 1996. 嫩江大安古河道草地区域生物多样性特点及开发利用. 见: 中国草原学会. 中国草地科学进展第四届第二次年会暨学术讨论会文集. 北京: 中国农业大学出版社. 136-139

易晓煜, 易富科. 2000. 嫩江大安古河道区植物资源调查初报. 国土与自然资源研究, (4): 66-68

殷鉴, 刘春莲, 吴洁, 等. 2016. 珠江三角洲中部晚更新世以来的有孔虫记录与古环境演化. 古地理学报, 18 (4): 677-690

尹同梅, 张丽红, 罗鑫, 等. 2004. 新构造运动与古河道变迁对广佛经济圈生态环境的影响. 地质灾害与环境保护, (2): 63-67

于革, 陈星, 刘建, 等. 2000. 末次冰期最盛期东亚气候的模拟和诊断初探. 科学通报, 45 (20): 2153-2159

岳升阳, 苗水. 2008. 北京城南的唐代古河道. 北京社会科学, (3): 95-100

詹道江, 谢悦波. 1997. 洪水计算的新进展——古洪水研究. 水文, (1): 1-5

张德二, 薛朝辉. 1994. 公元 1500 年以来 EI Nino 事件与中国降水分布型的关系. 应用气象学报, 5 (2): 168-175

张桂甲, 李从先. 1995. 钱塘江下切河谷充填及其层序地层学特征. 海洋地质与第四纪地质, 15 (4): 57-68

张桂甲, 李从先. 1996. 冰后期钱塘江河口湾地区的海陆相互作用. 海洋通报, 15 (2): 43-49

张桂甲, 李从先. 1997. 末次冰期以来钱塘江河口湾充填的物质来源. 科学通报, 42 (16): 1741-1744

张桂甲, 李从先. 1998. 晚第四纪钱塘江下切河谷体系层序地层特征. 同济大学学报, 26 (3): 320-324

张佳华, 孔昭宸, 杜乃秋. 1998. 烧失量数值波动对北京地区过去气候和环境的特征相应. 生态学报, 18 (4): 343-347

张家强, 张桂甲, 李从先. 1998. 长江三角洲晚第四纪地层层序特征. 同济大学学报, 26 (4): 438-442

张兰生, 方修琦, 任国玉, 等. 1997. 我国北方农牧交错带的环境演变. 地学前缘, 4 (1-2): 127-135

张丕远. 1996. 中国历史气候变化. 济南: 山东科学技术出版社. 231, 385, 386, 435, 436

张丕远, 王铮, 刘啸雷, 等. 1994. 中国近2000年来气候演变的阶段性. 中国科学 (B辑), 24 (9): 998-1008

张强, 朱诚, 刘春玲, 等. 2004. 长江三角洲7000年来的环境变迁. 地理学报, 59 (4): 534, 542

张瑞瑾. 1989. 河流泥沙动力学. 北京: 水利电力出版社. 69

张文翔, 张虎才, 雷国良, 等. 2008. 柴达木贝壳堤剖面元素地球化学与环境演变. 第四纪研究, 28 (5): 917-928

张玉芬, 李长安, 熊德强. 2013. "巫山黄土"氧化物地球化学特征与古气候记录. 中国地质, 61 (1): 352-360

张振克, 吴瑞金. 1998. 岱海湖泊沉积物频率磁化率对历史时期环境变化的反映. 地理研究, 17 (3): 297-302

张振克, 吴瑞金. 2000. 云南洱海流域人类活动的湖泊沉积记录分析. 地理学报, 55 (1): 66-74

张祖陆. 1990. 鲁北平原黄河古河道初步研究. 地理学报, 45 (4): 457-466

赵广明, 叶青, 叶思源, 等. 2014. 黄河三角洲北部全新世地层及古环境演变. 海洋地质与第四纪地质, 34 (5): 25-32

赵焕庭. 1982. 珠江三角洲的形成和发展. 海洋学报 (中文版), (5): 595-607

赵景波, 侯甬坚, 杜娟, 等. 2003. 关中平原全新世环境演变. 干旱区地理, 26 (1): 17-22

赵凯华, 杨振京, 张芸, 等. 2013. 新疆艾丁湖区中全新世以来孢粉记录与古环境. 第四纪研究, 33 (3): 526-535

赵明华, 姜爱霞, 韩美, 等. 2000. 莱州湾南岸平原浅埋古河道带及冲洪积扇地下水水环境. 环境科学, 21 (1): 57-61

赵松龄. 1984. 长江三角洲地区的第四纪地质问题. 海洋科学, (5): 15-21

赵松龄. 1986. 关于全新世以来长江水下三角洲的沉积结构问题. 见: 中国海平面变化. 北京: 海洋出版社. 132-140

赵希涛, 唐领余, 沈才明, 等. 1994. 江苏建湖庆丰剖面全新世气候变迁和海面变化. 海洋学报, 16 (1): 78-88

赵怡文, 陈中原. 2003. 长江中下游河床沉积物分布特征. 地理学报, 58 (2): 223-230

赵永杰, 陈晔, 徐娟, 等. 2010. 苏北近海平原沉积物的粒度特征及其环境意义. 南京师范大学学报 (自然科学版), 33 (3): 102-108

赵振华. 1997. 微量元素地球化学原理. 北京: 科学出版社

郑景云, 王绍武. 2005. 中国过去2000年气候变化的评估. 地理学报, 60 (1): 21-31

郑景云, 郑斯中. 1993. 山东历史时期冷暖旱涝状况分析. 地理学报, 48 (4): 348-357

郑景云, 郝志新, 葛全胜. 2004. 山东1736年来逐季降水重建及其初步分析. 气候与环境研究, 9 (4): 551-566

郑益群, 于革, 王苏民等. 2002. 区域气候模式对末次冰期最盛期东亚季风气候的模拟研究. 中国科学 (D辑), 32 (10): 871-880

郑永良, 林美华. 1964. 辽东湾水下古河道的初步探讨. 见: 中国海洋湖沼学会. 中国海洋湖沼学会1963年学术年会论文摘要汇编. 北京: 科学出版社

中国科学院地理研究所, 长江水利水电科学研究院, 长江航道局规划设计研究所. 1985. 长江中下游河道特性及其演变. 北京: 科学出版社. 85-101

钟巍, 舒强. 2001. 南疆博斯腾湖近12.0kaB.P.以来古气候与古水文状况的变化. 海洋与湖沼, 32 (2): 213-219

钟巍, 李吉均, 方小敏, 等. 1997. 临夏盆地王家山剖面沉积物地球化学元素特征与季风演化. 海洋地

质与第四纪地质, 17 (4): 56-62

周昆叔, 严富华, 梁秀龙, 等. 1978. 北京平原第四纪晚期花粉分析及其意义. 地质科学, (1): 57-64+95-96

周群英, 黄春长. 2008. 渭河流域全新世环境演变对人类文化发展的影响. 地理科学进展, 27 (5): 12-18

周子康, 夏越炯, 刘为纶, 等. 1994. 全新世温暖期河姆渡地区古植被和古气候的重建研究. 地理科学, (4): 363-370+391

朱诚, 郑朝贵, 马春梅, 等. 2003. 对长江三角洲和宁绍平原一万年来高海面问题的新认识. 科学通报, 48 (23): 2428-2438

朱晓东. 1990. 用有孔虫检索沉积环境——长江三角洲一例. 科学通报, 17 (1): 317-319

朱晓东, 任美锷, 朱大奎. 1999. 南黄海辐射沙洲中心沿岸晚更新世以来的沉积环境演变. 海洋与湖沼, 30 (4): 427-434

竺可桢. 1972. 中国近五千年来气候变迁的初步研究. 考古学报, (1): 15-38

Allen G P. 1991. Sedimentary processes and facies in the Gironde Estuary: a recent model for macrotidal estuarine systems. In: Smith D C et al. (eds.) Clastic Tidel Sedimentation. Canadian Society of Petroleum Geologists, Memoir, 16: 29-40

Allen G P, Posamentier H W. 1993. Sequence stratigraphy and facies model of an incised valley fill—the Gironde Estuary, France. Sedimentary Petrology, 63: 378-391

Allen J R L. 1965. Late quaternary Niger delta and adjacent areas: sedimentary environments and lithofacies. AAPG, 49 (5): 547-600

Alley R B, Marotzke J, Nordhaus W D, et al. 2003. Abrupt climate change. Science, 99: 200-209

An Z S, Kukla G, Porter S C, et al. 1991. Late quaternary dust flow on the Chines loess plateau. Catana, 18 (2): 125-132

An Z S, Porter S C, Kutzbach J E, et al. 2000. Asynchronous Holocene optimum of the East Asian monsoon. Quaternary Science Review, 19: 743-762

Andrew S, Stephen E D. 2002. Effectiveness of grade-control structures in reducing erosion along incised river channels: the case of Hotophia Creek, Mississippi. Geomorphology, (42): 229-254

Atahan P, Itzstein-Davey R, Taylor D, et al. 2008. Holocene-aged sedimentary records of environmental changes and early agriculture in the Lower Yangtze, China. Quaternary Science Reviews, 27: 556-570

Baker V R. 1973. Paleohydrology and sedimentology of lake Missoula flooding in eastern Washington. The Geological Society of America, 144

Baker V R, Benito G, Rudov A. 1993. Paleohydrology of Late Pleistocene superflooding, Altay Mountains, Siberia. Science, 259: 48-350

Beck J W, Recy J, Taylor F, et al. 1997. Abrupt changes in Early Holocene tropical sea surface temperature derived from coral record. Nature, 385: 705-707

Blum M D, Aslan A. 2006. Signatures of climate vs. sea-level change within incised valley-fill successions: Quaternary examples from the Texas Gulf Coast. Sedimentary Geology, 190: 177-211

Bond G, Heinrich H, Broesker W, et al. 1992. Evidence for massive discharge of icebergs into North Atlantic Ocean during the last glacial period. Nature, 360 (19): 245-249

Bond G, Kromer B, Beer J, et al. 2001. Persistent solar influence on North Atlantic climate during the Holocene. Science, 294 (5549): 2130-2136

Borisova O, Sidorchuk A, Panin A. 2006. Palaeohydrology of the Seim River basin, mid-Russian upland, based on palaeochannel morphology and palynological data. Catena, 66 (1-2): 53-73

Broecker W S. 1994. Massive iceberg discharges as triggers for global climate change. Nature, 372: 421-424

Burrin P J. 1985. Holocene alleviation in Southeast England and some Implications for paleohydrological studies. Earth Surface Process and Landforms, 10: 3

Cao G J, Wang J, Wang L J, et al. 2010. Characteristics and runoff volume of the Yangtze River's Paleovalley at Nanjing reach in the Last Glacial Maximum. Journal of Geographical Sciences, 20 (3): 431-440

Cao G J, Cao Y, Wu T, et al. 2016. Characteristics of the Yangtze River Incised Valley in the Last Glacial Maximum in Nanjing-Haimen Reach, China. Environmental Earth Sciences, 75: 27, 1-9

Cao Y Z. 1991. A study on thresholds in the change of alluvial fan and delta of the Huanghe river, China. Chinese Geographical Science, 1 (3): 262-271

Carlston C W. 1965. The relation of free mender geometry to stream discharge and its geomorphic implications. American Journal of Science, 263: 864-885

Carson M A. 1984. The meandering- braided river threshold: a reappraisal. Journal of Hydrology, 73: 315-334

Chatley H. 1926. The geology of Shanghai. The China Journal of Science and Arts, (3): 140-148

Chen Q Q, Li C X, Li P, et al. 2008. Late Quaternary palaeo-soils in the Yangtze Delta, China, and their palaeo-environmental implications. Geomorphology, 100: 465-483

Chen Z Y, Chen Z L. 1997. Quaternary stratigraphy and trace-element indices of the Yangtze delta, Eastern China, with special reference to Marine transgressions. Quaternary Research, (47): 181-191

Chen Z Y, Song B P, Wang Z H, et al. 2000. Late quaternary evolution of the sub-aqueous Yangtze delta, China: sedimentation, stratigraphy, palynology, and deformation. Marine Geology, 162: 423-441

Chen Z Y, Zong Y Q, Wang Z H, et al. 2008. Migration patterns of Neolithic settlements on the abandoned Yellow and Yangtze River deltas of China. Quaternary Research, 70: 301-314

Coleman J M, Gaglino S M. 1964. Cyclic sedimentation in the Mississippi river delta plain. Trans. Gulf Coast Association of Geological Societies Transactions, 14: 67-80

Coleman J M, Wright L K. 1975. Modern river deltas: Variability of processes and sandbodies. In: Broussard M L (ed.) Deltas: Models for Exploration. Houston Geological Society. 99-149

Cressey G B. 1928. The geology of Shanghai. The China Journal Science and Arts, 3 (6): 320-334

Dabrio C J, Zazo C, Lario J, Goy J L, et al. 1999. Sequence stratigraphy of Holocene incised-valley fills and coastal evolution in the Gulf of Cadiz (southern Spain) . Geologie en Mijnbouw, 77 (3-4): 263-281

Dahl D, Mosegaard K, Gimdesstrup N, et al. 1998. Past temperature directly from the Greenland Ice Sheet. Science, 282: 268-271

Dalrymple R W, Zaitlin B A. 1994. High-resolution sequence stratigraphy of a complex, incised valley succession, Cobequid Bay-Salmon River Estuary, Bay of Fundy, Canada. Sedimentology, 44: 1069-1091

Dalrymple R W, Knight R J, Zaitlin B A, et al. 1990. Dynamics and facies model of a macrotidal sand-bar complex, Cobequid Bay-Salmon river Estuary (Bay of Fundy) . Sedimentology, 37: 577-612

Dalrymple R W, Makino Y, Eaitdin B A. 1991. Temporal and spatial patterns rhythmite deposition on mud flat sedimentation in the macrotidal Cobefquid Bay-Salmon River Estuary, Bay of Fundy, Canada. In: Smith D G (eds.) Clastic Tidal Sedimentation. Canadian Society of Petroleum Geologists Memoir, 16: 137-160

Dalrymple R W, Zaittin B A, Boyd R. 1992. Estuarine facies models: Conceptual basis and stratigraphic implications. Journal of Sedimentary Petrology, 62 (6): 1130-1146

Dalrymple R W, Boyd R, Zaitlin B A. 1994. History of research, types and internal organization of incised valley systems. In: Dlrymple R W (ed.) Incised Valley Systems Origin and Sedimentary Sequence. SEPM Spec. Publ., (51): 3-10

Dury G H. 1964. Principle of underfit streams. Professional Paper - Geological Survey (U. S.), 452-A

Dury G H. 1965. Theoretical implications of underfit streams. Professional Paper - Geological Survey (U. S.), 452-B

Dury G H. 1976. Discharge prediction, present and former, from channel dimensions. Hydrology, 30: 219-245

Feng Z D, An C B, Wang H B. 2006. Holocene climatic and environmental changes in the arid and semi-arid areas of China: a review. The Holocene, 16 (1): 1-12

Fisher W L, Brown L F, Scott A J, et al. 1969. Delta systems in the exploration for oil and gas—a research colloquium. Bureau of Eco-nomic Geology Austin: University of Texas

Fisk H N. 1961. Bar-finger sands of Mississippi delta. In: Blanc R (ed.) Modern Delta. AAPG. Reprint series, 18: 69-92

Fisk H N, Mcfarland D J. 1955. Late quaternary deltaic deposits of the Mississippi river- local sedimentation and basin tectonics. Geol. Soc. Am. Bull., Special paper, 62: 279-302

Friedrich M, Kromer B, Spurk M, et al. 1999. Palaeo-environmental and radiocarbon calibration as derived from Late Glacial/Early Holocene tree-ring chronologies. Quaternary International, 61: 27-39

Gail L C, Alexei S, Ian D C. 1999. Pollen transport through distributaries and depositional patterns in coastal waters. Palaeogeography, Palaeoclimatology, Palaeoecology, (149): 257-270

Gao S, Collins M B. 1992. Net sediment transport patterns inferred from grain size trends, based upon definition of transport vectors. Sedimentary Geology, 81 (1-2): 47-60

Ge Q S, Zheng J Y, Fang X Q, et al. 2003. Temperature changes of winter-half-year in eastern China during the past 2000 years. The Holocene, 13 (6): 933-940

Giagante D A, Aliotta S, Ginsberg S S, et al. 2011. Evolution of a coastal alluvial deposit in response to the last Quaternary marine transgression, Bahía Blanca estuary, Argentina. Quaternary Research, 75 (3): 614-623

Green A N. 2009. Palaeo-drainage, incised valley fills and transgressive systems tract sedimentation of the northern KwaZulu-Natal continental shelf, South Africa, SW Indian Ocean. Marine Geology, 263: 46-63

Gregory K J. 1986. Background to palaeohydrology, a perspective. Journal of Hydrology, 84 (1-2): 189-190

Grootes P M, Stuiver M, White J W C, et al. 1993. Comparison of oxygen isotope records from the GISP2 and GRIP Green land ice cores. Nature, 366: 552-554

Guo Z T, Ruddiman W, Hao Q Z, et al. 2002. On set of Asian desertification by 22M years ago inferred from loess deposits in China. Nature, 416 (6877): 159-163

Gupta S, Collier J S, Palmer-Felgate A, et al. 2007. Catastrophic flooding origin of shelf valley systems in the English Channel. Nature, 448: 342-345

Harry H R, James M C. 1996. Holocene evolution of the deltaic plain: a perspective- from Fisk to present. Engineering Geology, (45): 113-138

Havinga A J. 1967. Palynology and pollen preservation. Rev Palaeobot Palyno, 2: 81-89

Henk J A B, Esther S. 2000. Late Weichselian and Holocene palaeogeography of the Rhine-Meuse delta, the Netherlands. Palaeogeography, Palaeoclimatology, Palaeoecology, (161): 311-335

James C K. 1996. Late Quaternary Upper Mississippi River alluvial episodes and their significance to the Lower Mississippi River system. Engineering Geology, (45): 263-285

Jin Z D, Li F C, Cao J J, et al. 2006. Geochemistry of Daihai Lake sediments, Inner Mongolia, North China: Implications for provenance, sedimentary sorting, and catchment weathering. Geomorphology, 80 (3-4): 147-163

Kale V S. 1999. Late Holocene temporal patterns of palaeo floods in central and western India. Man and Environment, 24 (1): 109-115

Kale V S, Singhvi A K, Mishra P K, et al. 2000. Sedimentary records and luminescene chronology of Late Holocene palaeo floods in the Luni River. Catena, 40: 337-358

Kalickl T. 1987. Late glacial paleochannel of the Vistula River in Krakow-Nowa Huta. Stadia Geomorphologica Carpatho-Balcanica, 21: 93-108

Kazuaki H, Yoshiki S, Zhao Q H, et al. 2001. Sedimentary facies of the tide-dominated paleo-Changjiang (Yangtze) estuary during the last transgression. Marine Geology, (177): 331-351

Kemp J, Rhodes E J. 2010. Episodic fluvial activity of inland rivers in southeastern Australia: palaeochannel systems and terraces of the Lachlan River. Quaternary Science Reviews, 29: 732-752

Kemp J, Spooner N A. 2007. Evidence for regionally wet conditions before the LGM in southeast Australia: OSL ages from a large palaeochannel in the Lachlan Valley. Quaternary Science, 22 (5): 423-427

Lang J, Anthony E J, Oyede L M. 1995. Late Quaternary sediments in incised coastal valleys in Benin: a preliminary sequence-stratigraphic interpretation. Quaternary International, 29/30: 31-39

Lawson M S, Brien R W. 1996. The response of the Lower Mississippi River to river engineering. Engineering Geology, (45): 433-455

Leopold L B, Wolman M G. 1957. River channel patterns: braided, meandering, and straight. U. S. Geological Survey Professional Paper, 282B: 39-85

Li B H, Li C X, Shen H T. 2003. A Preliminary study on Sediment flux in the Changjiang Delta during the Postglacial period. Science in China (series D), 46 (7): 743-752

Li C X, Wang P, Sun H P, et al. 2002. Late quaternary incised-valley fill of the Yangtze delta (China): its stratigraphic framework and evolution. Sedimentary Geology, 152: 133-158

Liu B Z, Yoshiki S, Toshitsugu Y, et al. 2001. Paleocurrent analysis for the Late Pleistocene-Holocene incised-valley fill of the Yangtze delta, China by using anisotropy of magnetic susceptibility data. Marine Geology, (176): 175-189

Maizels J K. 1983. Palaeovelocity and palaeodischarge determination for coarse gravel deposits. In: Background to Palaeohydrology. 101-139

Maizels J. 1990. Raised channel systems indicators of palaeohydrologic change: a case study from Oman. Palaeogeography, Palaeoclimatology, Palaeoecology, 76 (3-4): 241-277

Mattheus C R, Rodriguez AB, Greene D L, et al. 2007. Control of upstream variables on incised-valley dimension. Sedimentary Research, 77: 213-224

Michael W B, Alan L K, Brenner M, et al. 1997. Climate variation and fall of on Andean Civilization. Quaternary Research, 47 (2): 235-248

Milan B, Peter H, Alan G G, et al. 1999. Using two- and three-dimensional georadar methods to characterize glaciofluvial architecture. Sedimentary Geology, (129): 1-24

Morgan J P, Shaver R H. 1970. Deltaic sedimentation: modern and ancient, Tmlsa, Okla. SEPM Spec. Publ. , 15: 312

Moy C Y, Seltzer G O, Rodbell D T, et al. 2002. Varability of Ei Nino/Southern Oseillation activity at millennial time scales during the Holocene Epoch. Nature, 420: 162-165

Nichol S L. 1991. Zonation and sedimentology of estuarine facies in an incised valley, wave-dominated, microtidal setting, New South Wales, Australia. In: Smith D G et al. (eds.) Clastic Tidal Sedimentology. Canadian Society of Petroleum Geologists, Memoir 16: 41-58

Nichol S L, Boyd R, Penland S. 1996. Sequence stratigraphy of a coastal-plain incised valley estuary: Lake Calcasieu, Louisiana. Sedimentary Research, Section B, 66 (4): 847-857

Nichols M M, Johnson G H, Peebles P C. 1991. Modern sediments and facies model for a microtidal coastal plain estuary, the James Estuary, Virginia. Journal sedimentary Petrology, 61 (6): 883-899

Nordfjord S, Goff J A, Austin J A, et al. 2005. Seismic geomorphology of buried channel systems on the New Jersey outer shelf: assessing past environmental conditions. Marine Geology, 214: 339-364

Nordfjord S, Goff J A, Austin J A, et al. 2006. Seismic facies of incised valley fills, New Jersey continental shelf: implications for erosion and preservation processes acting during latest Pleistocene-Holocene transgression. Sediment Researcher, 76: 1284-1303

Nummedal D, Swift D J P. 1987. Transgressive stratigraphy at sequence-boundary unconformities: some principles derived from Holocene and Cretaceous examples. SEPM Spec. Publ. , 41: 241-260

O'Brien S R, Mayewski P A, Meeker L D, et al. 1995. Complexity of Holocene climate as reconstructed from a Greenland ice core. Science, 270 (5244): 1962-1964

O'Connor J, Webb R H. 1988. Hydraulic modeling for paleoflood analysis. In: Baker V R et al. (eds.) Flood Geomorphology. Chichester: Wiley. 393-402

Oldfield F. 1991. Environmental magnetism—a personal perspective. Quaternary Science Reviews, 10: 73-85

Oomkens E. 1974. Lithofacies relations in the late quaternary Niger delta complex. Sedimentology, 21: 195-222

Oppo D W, McManus J F, Cullen J L. 2003. Deep Water Variability in the Holocene Epoch. Nature, 422: 277-278

Penland S, Boyd R, Suter T. 1988. Transgressive depositional systems of the Mississippi Delta plain, a model for barrier shoreline and shelf sand development. Journal Sedimentary Petrology, 58 (6): 932-949

Posamentier H W, Vail P R. 1988. Eustatic controls on clastic deposition Ⅱ: Sequence and systems tract models. In: Wilgus C K et al. (eds.) Sea-level Changes: an Integrated Approach. SEPM Spec. Publ. , 42: 125-154

Qin J G, Taylor D, Atahan P, et al. 2011. Neolithic agriculture, freshwater resources and rapid environmental changes on the lower Yangtze, China. Quaternary Research, 75: 55-65

Ran M, Feng Z D. 2013. Holocene moisture variations across China and driving mechanisms: A synthesis of climatic records. Quaternary International, 313-314 (5): 179-193

Raymonde, Francoise. 2000. Pollen-inferred precipitation time-series from equatorial mountains, Africa, the last 40kyr BP. Global and Planetary Change, 26 (1-3): 25-50

Robinson M A. 1984. Holocene alleviation and hydrology in the upper Thames Basin. Nature, 308: 809-814

Rotnicki K. 1983. Modelling past discharges of meandering rivers. In: Gregory K (ed.) Background to Palae-ohydrology, 321-354

Roy P S. 1994. Holocene estuary evolution-stratigraphic studies from southeastern Australia. In: Dalrymple R W et al. (eds.) Incised Valley Systems: Origin and Sedimentary Sequences. SEPM Spec. Publ. , 51: 241-263

Roy P S, Boyd R. 1996. Quaternary Geology of Southeast Austrtalia, a Tectonically Stable, Wave Dominated, Sediment-Deficient Margin. Sydney: Geological Servay NSW

Roy P S, Ferland M A, Thom B. 1995. Wave dominated coasts. In: Carter R et al. (eds.) Coastal Evolution. Cambridge University Press. 121-186

Rsymnf L S, Charlie S B, Frank G E. 2003. Architecture of channel-belt deposits in an aggrading shallow sandbed braided river: the lower Niobrara River northeast Nebraska. Sedimentary Geology, (158): 249-270

Russell R. 1971. The coast of Louisiana. In: Steers I (ed.) Applied Coastal Geomorphology. London: Macmillan and Coltd

Sakai T, Fujiwara O, Kamataki T. 2006. Incised-valley-fill succession affected by rapid tectonic uplifts: an example from the upper-most Pleistocene to Holocene of the Isumi River lowland, central Boso Peninsula, Japan. Sedimentary Geology, 185: 21-39

Sangheon Y, Yoshiki S. 2004. Latest Pleistocene climate variation of the East Asian monsoon from pollen records of two East China regions. Quaternary International, (121): 75-87

Sangheon Y, Yoshiki S, Zhao Q H, et al. 2003. Vegetation and climate changes in the Changjiang (Yangtze River) Delta, China, during the past 13000 years inferred from pollen records. Quaternary Science Reviews, (22): 1501-1519

Schumm S A. 1967. Palaeohydrology: Application of modern hydrologic date to problems of the ancient past. International Hydrology Symposium (Fort Collins) Proceedings, 1: 185-193

Schumm S A. 1968. River adjustment to altered regimen- Murrumleridgee River and palaeochannels, Australia. Professional Paper, 598. Washington: United States Geological Survey

Schumm S A. 1969. River metamorphosis, Proceedings of American Society of Civil Engineers. Journal of Hydraulic Division, 255-273

Schumm S A. 1972. Society of Economic paleontologists and Mineralogists special publication. No. 16.

Schumm S A. 1977. The Fluvial System. New York, London, Sydney: Wiley-Interscience publication.

Schumm S A. 1993. River response to base level change: implications for sequence stratigraphy. Journal of Geology, 101: 279-294

Scott A L. 1997. Spatial patterns of historical overbank sedimentation and floodplain evolution, Blue River, Wisconsin. Geomorphology, (18): 265-277

Scott A L, Robert T P. 2001. Use of mining-contaminated sediment tracers to investigate the timing and rates of historical flood plain sedimentation. Geomorphology, (38): 85-108

Scott A L, Robert T P. 2004. Spatial and temporal variations in the grain-size characteristics of historical flood plain deposits, Blue River, Wisconsin, USA. Geomorphology, (61): 361-371

Scruton P C. 1960. Delta building and delta sequence. In: Blane R (ed.) Modern Deltas. AAPG, Reprint Series, 18: 48-68

Sehulz H, Rad UV, Erlenkeuser H, et al. 1998. Correlation between Arabian Sea and Greenland climate oscillations of the Past 110,000 Years. Nature, 393: 54-57

Shen H Y, Yu L P, Zhang H M, et al. 2015. OSL and radiocarbon dating of flood deposits and its paleoclimatic and archaeological implications in the Yihe River Basin, East China. Quaternary Geochronology, 30 (B): 398-404

Sheperd F P. 1956. Marginal sediments of Mississippi delta. AAPG, 40: 2537-2623

Shukla U K, Bora D S, Singh C K. 2009. Geomorphic positioning and depositional dynamics of river systems in Lower Siwalik basin, Kumaun Himalaya. Journal of the Geological Society of India, 73 (3): 335-354

Sidorchuk A, Borisova O K. 2000. Method of palaeogeographical analogues in palaeohydrological reconstructions. Quaternary International, 72 (1): 95-106

Sidorchuk A, Panin A, Borisova O. 2003. The Lateglacial and Holocene palaeohydrology of northern Eurasia. In: Gregory K J (ed.) Palaeohydrology: Understanding Global Change. John Wiley & Sons, Ltd. 61-76

Sidorchuk A, Panin A, Borisova O. 2009. Morphology of river channels and surface runoff in the Volga River basin (East European Plain) during the Late Glacial period. Geomorphology, 113: 137-157

Simms A R, Niranjan A, Lauren M, et al. 2009. The incised valley of Baffin Bay, Texas: A tale of two climates. Sedimentology, 57 (2): 642-669

Smol J P, Birks H J, Last W M. 2001. Tracking environmental change using lake sediments. Netherland: Kluwer Academic Publishers. 128-163

Sridhar A. 2007. Mid-late Holocene hydrological changes in the Mahi River, arid western India. Geomorphology, 88: 285-297

Starkel L. 1993. Late Quaternary continental palaeohydrology as related to future environmental change. Global and Planetary Change, 7: 95-108

Stephanie K D, Adrian J H. 2010. Towards a quantitative method for estimating paleohydrology from clast size and comparison with modern rivers. Journal of Sedimentary Research, 80 (7): 688-702

Suter J H L, Berryhill H L J, Penland S. 1987. Late quaternary sea-level fluctuations and depositional sequences, South-west Louisiana continental shelf. In: Nummedal D et al. (eds.) Sea-level fluctuation and Coastal Evolution. SEPM Spec. Publ., 41: 199-229

Swain B. 1985. Measurement and interpretation of sedimentary pigments. Freshwater Biology, 15: 53-75

Talling P J. 1998. How and where do incised valleys form if sea level remains above the shelf edge? Geology, 26: 87-90

Tammy M R, Ronald J G, Michael D B. 2003. An optical age chronology of Late Pleistocene fluvial deposits in the northern lower Mississippi valley. Quaternary Science Reviews, (22): 1105-1110

Taylor S R, Mcleman S M. 1985. The continental crust: Its composition and evolution. Oxford London: Black Well Scientific Publication. 311-313

Thi K O T, Van L N, Masaaki T, et al. 2001. Sedimentary facies diatom and foraminifer assemblages in a late Pleistocene-Holocene incised-valley sequence from the Mekong River delta, Bentre Province, Southern Vietnam: the BT2, core. Journal of Asian Earth Sciences, (20): 83-94

Thi K O T, Van L N, Masaaki T, et al. 2002. Holocene delta evolution and sediment discharge of the Mekong River, southern Vietnam. Quaternary Science Reviews, 21: 1807-1819

Thomas M A, Anderson J B. 1994. Sea level controls on the facies architecture of the Trinity/Sabine incised valley system, Texas Continental shelf. In: Dalrymple R W (ed.) Incised Valley Systems: Origin Sedimentary Sequences. SEPM Spec. Publ., 51: 63-82

Thomas W F, Richard A D J. 2003. Post-Miocene stratigraphy and depositional environments of valley-fill sequences at the mouth of TamPa Bay Florida. Marine Geology, (200): 157-170

Ting V K. 1919. Geology of the Yangtze Estuary below Wuhu. Shanghai Harbor investigation, Series I

Toucanne S, Zaragosi S, Bourillet J F, et al. 2010. The first estimation of Fleuve Manche palaeoriver discharge during the last deglaciation: Evidence for Fennoscandian ice sheet meltwater flow in the English Channel ca 20-18ka ago. Earth and Planetary Science Letters, 290: 459-473.

Van Straaten L M J U. 1959. Littoral and submarine morphology of the Rhone delta. In: Proc. 2nd Coastal cong. Baton Rouge, Louisiana State University. 223-264

Vis G J, Kasse C. 2009. Late Quaternary valley- fill succession of the Lower Tagus Valley, Portugal. Sedimentary Geology, 221: 19-39

Vis G J, Kasse C, Vandenberghe J. 2008. Late Pleistocene and Holocene palaeogeography of the Lower Tagus Valley (Portugal): effects of relative sea level, valley morphology and sediment supply. Quaternary Science Reviews, 27: 1682-1709

Wallerstein N P, Thorne C R. 2004. Influence of large woody debris on morphological evolution of incised, sand-bed channels. Geomorphology, (57): 53-73

Wang J, Chen X, Zhu X H, et al. 2001. Taihu Lake, lower Yangtze drainage basin: evolution, sedimentation rate and the sea level. Geomorphology, 41: 183-193

Wang P X, Sun X J. 1994. Last glacial maximum in China: comparison between land and sea. Catena, (23): 341-353

Wang P X, Clemens S, Beaufort C, et al. 2005. Evolution and Variability of the Asian monsoon system: state of the art and outstanding Issue. Quaternary Science Reviews, 24: 595-629

Wang Y J, Cheng H, Edwards R L, et al. 2005. The Holocene Asian Monsoon: links to solar changes and North Atlantic climate. Science, 308: 854-857

Wang Y, Cheng H, Edwards R L, et al. 2008. Millennial- and orbital- scale changes in the East Asian monsoon over the past 224, 000 years. Nature, 451: 090-1093

Wang Z H, Zhuang C C, Saito Y, et al. 2012. Early mid- Holocene sea- level change and coastal environmental response on the southern Yangtze delta plain, China: implications for the rise of Neolithic culture. Quaternary Science Reviews, 35: 51-62

Webb III T, Wigley T M L. 1985. What past climates can indicate about a warmer world. Projecting the Climatic Effects of Increasing Carbon Dioxide. 237-257

Westaway R, David R B. 2010. Causes, consequences and chronology of large-magnitude palaeo flows in Middle and Late Pleistocene river systems of northwest Europe. Earth Surface Processes and Landforms, 35: 1071-1094

Williams G P. 1988. Paleofluvial estimates from dimensions of former channels and meanders. In: Baker V et al. (eds.) Flood Geomorphology, 321-334

Woodroffe S A. 2009. Testing models of mid to late Holocene sea-level change, North Queensland, Australia. Quaternary Science Reviews, 28 (17-18): 1750-1761

Wu C, Xu Q H, Zhang X Q, et al. 1996a. Palaeochannels on the north China plain: Types and distributions. Geomorphology, 18 (1): 5-14

Wu C, Zhu X Q, Ma Y H. 1996b. Compiling the map of shallow buried Palaeochannels on the north China plain. Geomorphology, 18 (1): 47-52

Xu Q H, Wu C. 1996a. Palaeochannels on the north China plain: stage division and palae- environments. Geomorphology, 18 (1): 15-26

Xu Q H, Wu C. 1996b. Palaeochannels on the north China plain: relationships between their development and tectonics. Geomorphology, 18 (1): 27-36

Xu Q H, Yang X L, Wu C. 1996. Alluvial pollen on the North China Plain. Quaternary Research, 46: 270-280

Yang S L. 1998. The role of scirpus marsh in attenuation of Hydrodynamics and Retention of fine sediment in the Yangtze estuary. Estuarine, Coastal and Shelf Science, (47): 227-2333

Yang S L. 1999. Sedimentation on a Growing intertidal island in the Yangtze River mouth. Estuarine, Coastal and Shelf Science, (49): 401-410

Yu S Y, Zhu C, Qu W Z. 2000. Role of climate in rise and fall of Neolithic cultures on the Yangtze elta. Boreas, 29 (2): 157-165

Zaitlin B A, Dalrymple R W, Boyd R. 1994. The stratigraphic organization of incised valley systems associated with relative sea-level change. In: Dalrymple R W (ed.) Incised Valley Systems: Origin and Sedimentary Sequences. SEPM Spec. Publ., 51: 45-60

Zhang D E. 1994. Evidence for the existence of the Medieval Warm Period in China. Climate Change, 26 (3): 289-297

Zhang J W, Chen F H, Jonathan A. 2011. Holocene monsoon climate documented by oxygen and carbon isotopes from lake sediments and peat bogs in China: a review and synthesis. Quaternary Science Reviews, 30 (15-16): 1973-1987

Zhang L S, Zhang P Y, Zhou Y L. 1997. Temperature fluctuations in eastern China during the last 10 000 years. The changing face of East Asia during the Tertiary and Quaternary. In: Jablonsk N G (ed.) Proceedings of the Fourth Conference on the Evolution of the East Asia Environment. Hong Kong: Center of Asia studies, University of Hong Kong. 313-323

Zhang Q, Zhu C, Liu C L, et al. 2005. Environmental change and its impacts on human settlement in the Yangtze Delta, P. R. China. Catena, 60: 267-277

Zhang X, Lin C M, Robert W, et al. 2014. Facies architecture and depositional model of a macrotidal incised-valley succession (Qiantang River estuary, eastern China), and differences from other macrotidal systems. Geological Society of America Bulletin, 126 (3-4): 499-522

Zhang X, Robert W, Lin C M. 2018. Facies and stratigraphic architecture of the late-Pleistocene to early-Holocene tide-dominated Paleo-Changjiang (Yangtze River) delta. Geological Society of America Bulletin, 130 (3-4): 455-483

Zhu C, Zheng C Q, Ma C M, et al. 2003. On the Holocene sea-level highstand along the Yangtze Delta and Ningshao Plain, East China. Chinese Science Bulletin, 48 (24): 2672-2683

Zong Y Q, James B I, Wang Z H, et al. 2011. Mid-Holocene coastal hydrology and salinity changes in the east Taihu area of the lower Yangtze wetlands, China. Quaternary Research, 76: 69-82

彩　图

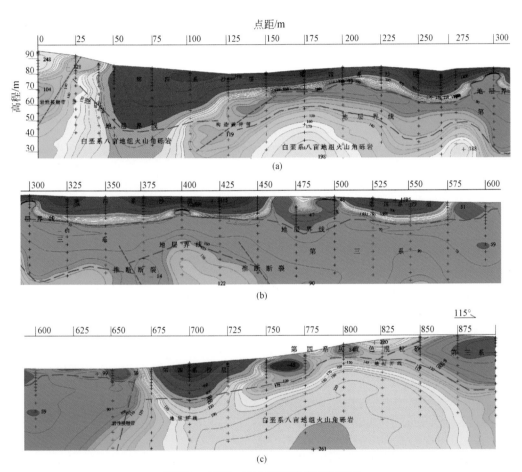

彩图1　工区一视电阻率等值线断面图

(a)0~300点；(b)300~600点；(c)600~900点

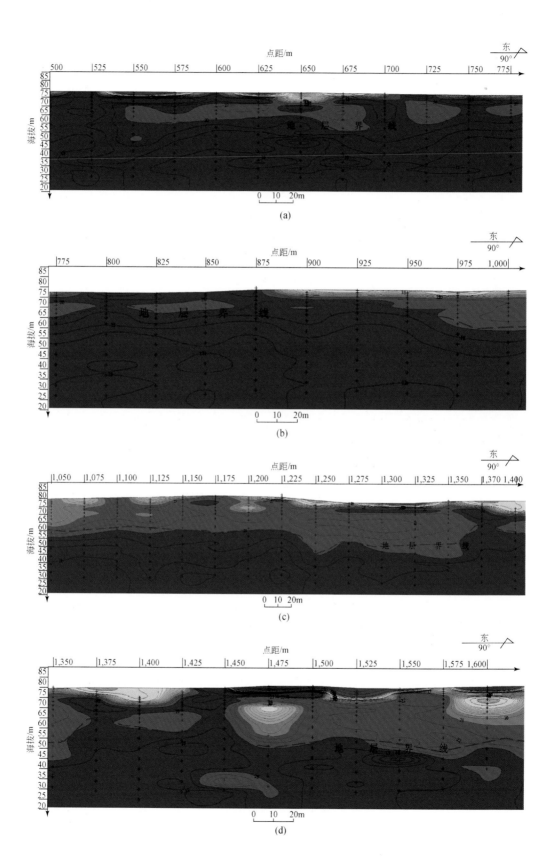

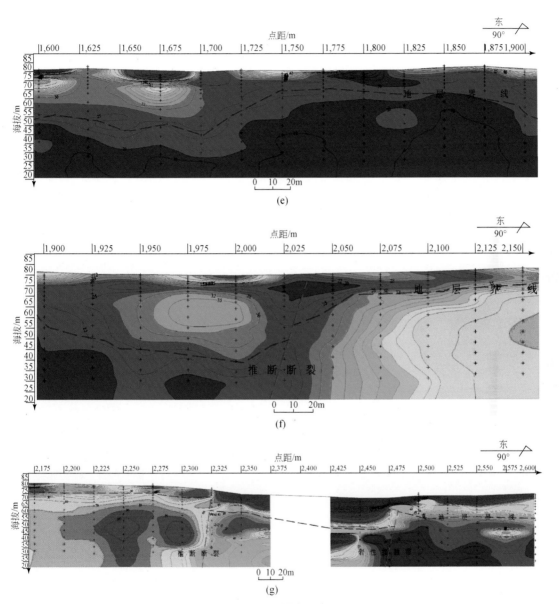

彩图 2　工区二船流街段视电阻率等值线断面图

(a)500~775 点;(b)775~1,000 点;(c)1,050~1,400 点;(d)1,350~1,600 点;

(e)1,600~1,900 点;(f)1,900~2,150 点;(g)2,175~2,600 点

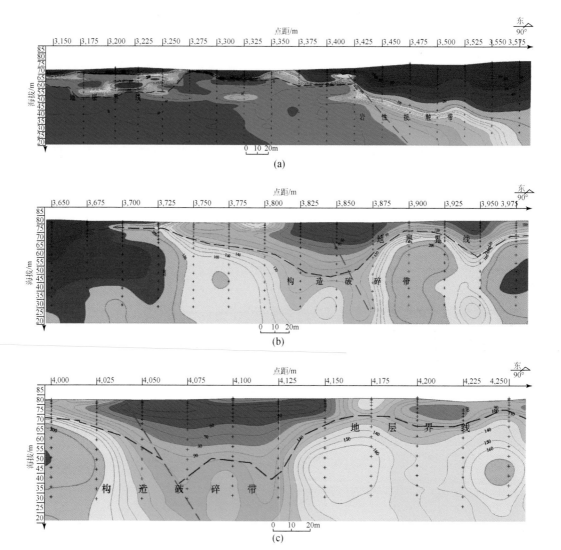

(a)

(b)

(c)

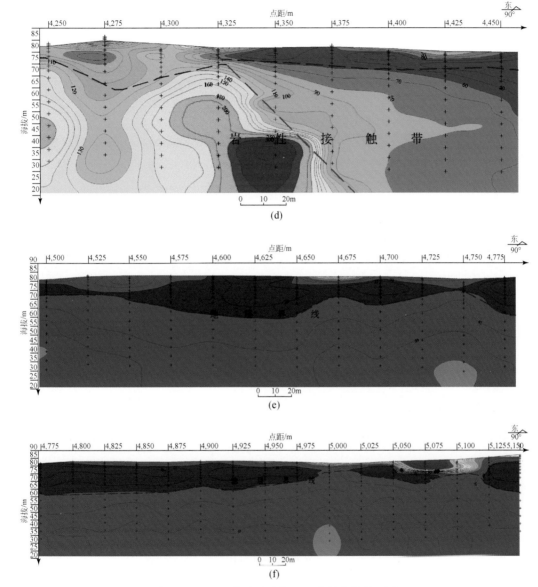

彩图 3　工区二解家庄段视电阻率等值线断面图

(a)3,150～3,575 点;(b)3,650～3,975 点;(c)4,000～4,250 点;(d)4,250～4,450 点;
(e)4,500～4,775 点;(f)4,775～5,150 点

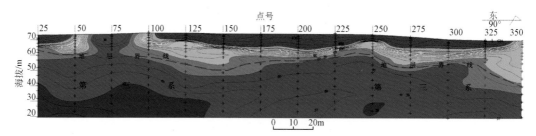

彩图4 点25~350视电阻率等值线断面图